プロセス開発を楽しもう

ビーカーから本プラントへ

伊藤 東 著

化学工業日報社

はじめに

　化学品を生産する化学プラントは，複数の技術の組み合わせにより成りたっている。プラントを構成している個々の技術を解明し，全体の技術構成を確立するのが「プロセス開発」である。開発したプロセスで生産される製品が「社会貢献」すると共に「企業の利益」にもなる。また，技術開発の過程で「仲間との絆」や「自己の成長」も得られるので，プロセスの開発は個人的にも社会的にも大変やりがいがある仕事である。

　プロセス開発は「基礎研究」，「個別技術の検討」，「プロセス全体の組立」の3段階を経て技術確立し，「本プラントの建設」を行う。本書では「プロセス開発の手順と課題」を解説する。

ⅰ）プロセス開発の「各研究段階の課題」と検討すべき「技術の全体像」について，第1章にて説明する。

ⅱ）技術開発の進め方は，小試験による「基礎研究」（第2章），ベンチ試験による「単位操作の検討」（第3章），パイロットプラントによる「プロセスの確立」（第4章）として，段階別に解説する。

ⅲ）「本プラントの建設」（第5章），「本プラントの操業」（第6章）では，開発した技術を本プラントにて活用するための課題を記述した。

ⅳ）技術開発時に経験した「各種アイディア」（第7章）の発想・ヒラメキの課程を振り返り，新技術の着想課程を述べた。

ⅴ）「安全の確保」（第8章）では，"安全に配慮したプロセス開発"を説明し，「プロセス開発の意義」（第9章）では，開発による"社会への貢献"や"個人の自己実現"について触れている。

ⅵ）「AI, IoT の活用方法」（第10章）では，情報技術を活用する"これからのプロセス開発"への期待について見解を述べた。

　多くの「プロセス開発」を経験してきたお陰で，開発した製品が市

場に出回り「個人と社会の繋がり」を感じると共に，技術者としての「自己の成長」も得られた。また，技術の開発過程で共に協力・苦労をしてきた人達との親交も継続している。

　本書を査読した方々が，「プロセス開発」への意欲を得て挑戦されることを期待致します。

特定非営利活動法人　保安力向上センター

会長　　伊藤　東

（元　デンカ株式会社・副社長）

目　次

はじめに

第 1 部　プロセス開発の手順

第 1 章　プロセス開発の概要 ———————————— 3

1.1　プロセス開発の意義 ·· 5

1.2　プロセス開発はどう進めるか ··· 7

　1.2.1　プロセス開発の分類 ·· 7

　1.2.2　プロセス開発の手順 ·· 8

　1.2.3　プロセス開発に必要な実験 ··· 9

　（1）試験研究の段階／9

　（2）研究・開発の規模／9

　（3）プロセス開発の課題把握／11

　（4）プロセス課題と進め方／11

　（5）プロセス開発項目の具体例（ポリマー重合プロセスの例）／12

1.3　プロセス実験（ビーカーから本プラントへの 4 段階）············· 13

　1.3.1　小試験（Beaker scale test）の役割 ····························· 15

　1.3.2　ベンチ試験（Bench scale test）の役割 ························· 15

　1.3.3　パイロットプラント試験（Pilot plant test）の役割 ··········· 16

　1.3.4　本プラント（Commercial plant）の役割 ······················ 17

1.4　技術開発の具体的な目標設定 ··· 18

　1.4.1　安全性向上 ··· 18

　1.4.2　利益性向上 ··· 18

　1.4.3　将来展開への可能性準備 ·· 19

1.5　情報収集と活用 ·· 19

1.5.1 各種情報の調査 ……………………………………………………… 20

1.5.2 特許申請 ……………………………………………………………… 20

1.5.3 市場開発の推進 ……………………………………………………… 21

1.5.4 市場開発の体制と役割分担 ………………………………………… 22

1.6 プロセス開発の全体像 ……………………………………………… 22

第2章　小試験（ビーカー試験）－基礎試験－ ─────── 25

2.1 小試験によるテーマの設定 ………………………………………… 28

2.2 適正な反応系の選択 ………………………………………………… 30

2.2.1 原料系の選定 ………………………………………………………… 30

2.2.2 溶剤の選定 …………………………………………………………… 31

2.2.3 触媒の選定 …………………………………………………………… 32

2.2.4 有毒性の検討 ………………………………………………………… 32

2.3 小試験計画の作成 …………………………………………………… 33

2.3.1 小試験設備の準備 …………………………………………………… 33

2.3.2 既存技術の確認 ……………………………………………………… 34

2.3.3 反応工程の把握と設備準備 ………………………………………… 34

2.3.4 組成変化の確認 ……………………………………………………… 35

2.3.5 物性の確認 …………………………………………………………… 36

2.3.6 試験体制の準備 ……………………………………………………… 36

2.4 反応解析 ……………………………………………………………… 37

2.4.1 反応系の確認 ………………………………………………………… 37

2.4.2 反応経路の解明 ……………………………………………………… 37

2.4.3 反応速度の測定 ……………………………………………………… 38

（1）反応の進行度データ（反応率）／40

（2）反応速度データ／40

2.5 反応熱の検討 ………………………………………………………… 42

2.6 反応収率の検討 ……………………………………………………… 43

2.7　製品の単離・精製 ……………………………………………… 44

2.8　基本物性の把握 ………………………………………………… 44

　2.8.1　組成分析の実施 …………………………………………… 44

　2.8.2　各成分の物性把握 ………………………………………… 45

　2.8.3　目的製品の物性確認 ……………………………………… 45

2.9　原材料・製品のデータ集積 …………………………………… 46

　2.9.1　基礎物性データ集積 ……………………………………… 46

　2.9.2　「データ集」の作成 ……………………………………… 47

2.10　小試験成果の整理 ……………………………………………… 47

　2.10.1　目標物性の検討 …………………………………………… 48

　2.10.2　操作条件の検討 …………………………………………… 48

2.11　小試験のチーム活動 …………………………………………… 48

2.12　特許の申請 ……………………………………………………… 49

第3章　ベンチ試験 −単位操作の技術確立− ——— 51

3.1　ベンチ試験の設備と運転 ……………………………………… 54

　3.1.1　ベンチ試験の設備準備 …………………………………… 54

　3.1.2　ベンチ試験の推進体制 …………………………………… 54

3.2　基本物性の解析 ………………………………………………… 56

　3.2.1　反応条件と主要物性の関係 ……………………………… 56

　3.2.2　操作因子の検討 …………………………………………… 57

　3.2.3　反応系の安定性・操作性の検討 ………………………… 58

　3.2.4　反応生成物の物性評価 …………………………………… 60

3.3　製品化時の物性確認 …………………………………………… 62

　3.3.1　添加剤の選定 ……………………………………………… 62

　3.3.2　実用物性の確立 …………………………………………… 63

3.4　副生物への対応 ………………………………………………… 64

　3.4.1　副生物・不純物の定量的把握 …………………………… 65

　3.4.2　副生物の特性把握 ………………………………………… 65

3.5　市場ニーズの把握 ……………………………………………… 67

3.6　実用配合の検討 ………………………………………………… 68

3.7　単位操作の選定 ………………………………………………… 68

　3.7.1　反応器の選定 ………………………………………………… 69

　3.7.2　濃縮・単離・精製の方式検討 ……………………………… 72

　3.7.3　配合用混合装置の検討 ……………………………………… 73

第4章　パイロットプラント試験－プロセスの確立－ ── 75

4.1　パイロットプラントの建設・操業 …………………………… 78

　4.1.1　パイロットプラントの建設 ………………………………… 78

　4.1.2　パイロットプラントの操業体制 …………………………… 79

　4.1.3　パイロットプラント試験の推進 …………………………… 80

4.2　単位操作の技術確立とプロセス設計 ………………………… 81

　4.2.1　単位操作の技術確立（機器仕様，操作条件）…………… 81

　4.2.2　単位操作検討の具体例 ……………………………………… 83

　　（1）反応器の選定例／83

　　（2）反応系の温度操作／84

　　（3）反応系の温度制御方法／85

　　（4）反応システムの選択／86

　　（5）連続反応の活用／86

　　（6）製品の単離・精製装置例／87

　　（7）副生物の処理／89

　4.2.3　プロセス全体の設計と評価 ………………………………… 90

　4.2.4　システムの設計・評価 ……………………………………… 91

4.3　材質データ収集 ………………………………………………… 92

　4.3.1　強度試験 ……………………………………………………… 93

　4.3.2　腐食試験 ……………………………………………………… 94

4.4　重要装置の設計（例）……………………………………………… 96

　4.4.1　反応器の設計 ……………………………………………………… 96

　4.4.2　濃縮装置 ……………………………………………………………… 97

　4.4.3　生成物の単離装置 ………………………………………………… 98

　4.4.4　蒸留装置 ……………………………………………………………… 99

　4.4.5　製品混合装置 ……………………………………………………… 100

　4.4.6　付帯設備の設計 …………………………………………………… 101

　4.4.7　サンプリング箇所の設定 ……………………………………… 102

　4.4.8　ユーティリティー（用役）等の能力・装置の設計 ……… 103

4.5　パイロットプラント推進体制 …………………………………… 103

4.6　パイロットプラントの技術開発計画（例）…………………… 104

第 5 章　本プラント計画－生産技術の完成－ ——————— 111

5.1　設計基準の設定 ……………………………………………………… 113

5.2　物質収支とエネルギー収支 ……………………………………… 114

　5.2.1　物質収支 ……………………………………………………………… 115

　5.2.2　熱収支 ………………………………………………………………… 116

　5.2.3　運動量収支 ………………………………………………………… 118

　5.2.4　プロセスの最適化 ………………………………………………… 118

　5.2.5　スケールアップ …………………………………………………… 120

　5.2.6　PFD（Process Flow Diagram）………………………………… 121

　5.2.7　P & ID（Piping & Instrumentation Diagram）…………… 121

5.3　機器リストと設備配置計画 ……………………………………… 124

　5.3.1　機器リストの作成 ………………………………………………… 124

　5.3.2　設備配置計画（プロットプラン /Plot Plan）……………… 125

5.4　海外立地への対応 …………………………………………………… 125

5.5　操業条件の確立 ……………………………………………………… 126

　5.5.1　操業条件の設定 …………………………………………………… 126

（1）安全操業範囲の設定／126

（2）異常反応への対策／126

5.5.2 品質の確保 ……………………………………………… 128

（1）原材料の品質安定化／128

（2）生産工程での品質安定化／128

（3）製品の品質保証／129

5.5.3 環境への影響検討 ……………………………………… 130

5.6 作業標準・作業手順書の作成と教育 ………………………… 130

5.6.1 「作業標準」の作成 ……………………………………… 130

5.6.2 「作業手順書」（Operation Manual）の作成 …………… 131

5.6.3 非常時対応の準備 ………………………………………… 131

5.6.4 製造担当者（オペレーター）の教育 ………………… 131

5.7 市場性評価 …………………………………………………… 132

5.7.1 市場ニーズの把握と市場予測 ………………………… 132

5.7.2 コスト要因データの把握 ……………………………… 133

5.8 本プラントの建設費 ………………………………………… 135

5.8.1 立地の選定 ………………………………………………… 135

5.8.2 本プラント建設費の見積もり ………………………… 136

5.9 事業性の検討 ………………………………………………… 136

5.9.1 製造コスト ………………………………………………… 137

5.9.2 販売数量 …………………………………………………… 137

5.9.3 経済性の検討 ……………………………………………… 137

5.10 本プラント計画の課題と推進体制 ……………………… 138

第6章 本プラントの操業と課題−成果の実践− ──── 143

6.1 安全・安定操業 ……………………………………………… 145

6.1.1 安全の確保 ………………………………………………… 145

6.1.2 安定操業の維持 ………………………………………… 147

6.2　市場対応と供給責任 ……………………………………………… 148

　6.2.1　市場対応 ………………………………………………………… 148

　6.2.2　供給責任 ………………………………………………………… 148

6.3　品質改善 …………………………………………………………… 149

　6.3.1　安定品質の確保 ………………………………………………… 149

　6.3.2　品質改善（市場ニーズ対応） ………………………………… 149

6.4　プロセスの改善，操業方法の改善 ……………………………… 150

　6.4.1　プラントの設計と実操業との差異点検 ……………………… 150

　　（1）反応装置／151

　　（2）蒸留装置／151

　　（3）混合装置／152

　6.4.2　プロセスの改善 ………………………………………………… 152

　6.4.3　操業方法の改善 ………………………………………………… 153

6.5　人材育成 …………………………………………………………… 153

　6.5.1　プロセス教育 …………………………………………………… 153

　6.5.2　安全教育 ………………………………………………………… 154

6.6　データの蓄積 ……………………………………………………… 155

　6.6.1　安定操業のデータ ……………………………………………… 155

　6.6.2　非定常時のデータ ……………………………………………… 156

　6.6.3　環境データ ……………………………………………………… 156

6.7　緊急時への対応（内部要因と外部要因） ……………………… 156

　6.7.1　緊急時の想定 …………………………………………………… 156

　6.7.2　外部・地域への対応 …………………………………………… 157

　6.7.3　内部（自社）要因の緊急時対応案 …………………………… 157

　6.7.4　外部要因による緊急時対応案 ………………………………… 158

6.8　法令等への対応 …………………………………………………… 158

　6.8.1　国内法への対応 ………………………………………………… 159

　6.8.2　海外情報の把握 ………………………………………………… 159

6.9　各担当部門の役割 ………………………………………………… 160

第2部　プロセス開発の課題

第7章　プロセス開発でのアイディア活用例
－技術の源泉－ ———————————— 165

7.1　反応時間分布と吸着材性能 ……………………………… 167
7.2　高粘度溶液に適する反応器 ……………………………… 168
7.3　高粘度液と低粘度液の混合 ……………………………… 170
7.4　大容量ペレタイザーの開発 ……………………………… 171
7.5　層分離系の反応器 ………………………………………… 172
7.6　排水中の微量有価金属回収 ……………………………… 173
7.7　汚れの激しい反応器の工夫 ……………………………… 175
7.8　市場ニーズに対応するための触媒開発 ………………… 176
7.9　微量副生物での分析技術者の貢献 ……………………… 178
7.10　既存プロセスでのトラブル経験の活用 ………………… 179
　　（1）定期的に発生する重合トラブル／179
　　（2）特定ユーザーからの品質クレーム／180

第8章　プロセス開発による本プラントの安全確保
－安全優先の源－ ———————————— 185

8.1　安全に配慮したプラントの確立 ………………………… 188
　8.1.1　危険性・危険物の極小化 …………………………… 188
　8.1.2　危険の回避（反応系，溶剤系）…………………… 189
　8.1.3　危険度の緩和（『絶対安全はない』）……………… 189
　8.1.4　「全停電」に対応する安全確保（例）……………… 190
　8.1.5　危険物副生プラントでの安全確保（例）………… 191
8.2　リスクへの対応（経営責任と安全文化）……………… 192
　8.2.1　安全対策への経営資源投入（『経営責任』）……… 193

8.2.2　安全への価値観（『安全文化』の重要性）………………… 194

8.2.3　自主的な安全活動（『開発した工場は自分達で守る』）…… 195

8.3　プロセス開発とプラント操業での安全の役割分担…………… 196

8.3.1　「安全の格言」より学ぶ……………………………………… 196

8.3.2　「プロセス開発」での役割分担……………………………… 197

8.3.3　「プラント操業」の役割分担………………………………… 197

8.4　安全の向上……………………………………………………… 198

8.4.1　安全教育の継続………………………………………………… 198

8.4.2　安全活動への第三者評価の活用……………………………… 198

8.4.3　外部要因災害への安全対策…………………………………… 199

8.5　安全の経済評価………………………………………………… 199

8.5.1　損失を押える安全活動（『守りの安全活動』）……………… 200

8.5.2　利益を拡大する安全活動（『攻めの安全活動』）…………… 201

第９章　プロセス開発の意義と役割−技術の源泉− ────── 203

9.1　プロセス開発を行う目的……………………………………… 206

9.1.1　化学品は社会発展に貢献……………………………………… 207

9.1.2　プロセス開発の重要性………………………………………… 208

9.2　化学技術とは何か……………………………………………… 208

9.2.1　「技術の定義」を知ろう……………………………………… 209

9.2.2　技術開発は“社会・企業・個人”に貢献…………………… 209

第10章　「AI 時代」のプロセス開発
　　　　−これからのプロセス開発− ───────────── 213

10.1　技術の動向…………………………………………………… 215

10.2　産業での AI の活用状況（例）…………………………… 215

　（1）「強い AI，弱い AI」／216

  （2）「AI で品質管理」／216

  （3）「車の自動運転化」／216

  （4）「自動運転電車」のトラブル／216

  （5）「技術継承」に AI 活用／216

  （6）「溶鉱炉の最適操業」／216

  （7）「AI で新素材開発」（マテリアルズ・インフォマティクス）／
   216

  （8）AI 活用による「生産性と安全性向上」を推奨（経済産業省）
   ／217

  （9）「作業員の安全性向上」／217

  （10）「ゴミ焼却発電プラント」（造船会社）／217

10.3 AI 活用時の操業範囲 ……………………………………………… 217

  （1）「実績範囲」での最適操業／217

  （2）「理論予測を一部活用」の最適操業／218

  （3）「プロセス理解の AI 操業」（未経験範囲を含む最適操業）／218

10.4 化学プラントの AI 化方法（2段階法）……………………………… 218

10.5 AI 化プラントでの制御システム ………………………………… 220

 10.5.1 AI 新制御システムの活用 ………………………………… 220

  （1）「事後制御システム」（Feed Back Control）／220

  （2）「予測制御システム」（Feed Forward Control）／221

 10.5.2 AI 化プラントでの操業条件 ……………………………… 221

 10.5.3 新プラントでのデータ蓄積方法 ………………………… 222

10.6 化学プラント AI 化への準備 ……………………………………… 222

 10.6.1 深層学習への情報準備 …………………………………… 223

 10.6.2 異常時の対応検討 ………………………………………… 223

 10.6.3 プロセス開発時の知見整理 ……………………………… 224

10.7 AI 化プラントの開発体制 ………………………………………… 224

 10.7.1 AI 化人材の確保 …………………………………………… 225

 10.7.2 AI 化技術の実証（単位操作，プロセス全体）…………… 225

10.8　プラント AI 化の「期待効果」……………………………………225

おわりに　−「プロセス開発による社会貢献」を期待して−………………229

謝　辞……………………………………………………………………231

◎コラム
　『宝の持ち腐れを無くしましょう！』………………………………24
　『プロセス開発では実験技術も重要だ！』………………………50
　『機械メーカーの見学・実習の経験は有用だった！』……………74
　『仲間の強い絆が成功の秘訣！』…………………………………108
　『開発計画と担当グループの確保が技術開発を促進する！』……141
　『新技術開発では最先端技術を採用しよう！』…………………161
　『プロセス開発には広い技術視点で！』…………………………182
　『安全に配慮したプロセス開発を！』……………………………202
　『技術開発で社会に貢献をしよう！』……………………………212
　『AI をどんどん活用しよう！』…………………………………228

第1部

プロセス開発の手順

第1章

プロセス開発の概要

1.1 プロセス開発の意義

1.2 プロセス開発はどう進めるか

1.3 プロセス実験（ビーカーから本プラント への4段階）

1.4 技術開発の具体的な目標設定

1.5 情報収集と活用

1.6 プロセス開発の全体像

　プロセス開発は，化学・物理，化学工学，設備・計装等の多くの技術知見に加え，原材料，立地条件，市場動向，利益予測等の市場情報も利用する。プロセス開発の道筋は，反応と物性の関係を検討する「基礎研究」と反応・蒸留等の操業設備を探索する「単位操作の検討」，そして生産設備全体を組み立てる「プロセスの確立」の3段階の作業を経て技術を完成させて，「本プラントの建設・操業」に向かう。検討課題が多いために，プロセス開発には長期間にわたり，多くの「費用と人材」の投入が必要となる。なお，薬剤製造の装置は比較的小型のため，プロセスの確立が2段階にて完成できる場合が多い。

　化学プロセスの開発の課題を簡潔に整理すると，化学反応を利用して次の三課題を満足させることである。

①品　質　：　製品性能，環境評価，安全性，作業環境
②コスト　：　原料，ユーティリティ，設備費，人件費，販売費，流通費
③供　給　：　安定生産，市場ニーズ対応

　なお，本章では「プロセス開発の全体像」を描くために，多くの課題を例示しているが，個別課題の詳細については各章で取り上げるので，本章は概要の把握にとどめる。

1.1　プロセス開発の意義

　多くの人々がプロセス開発へ積極的に取り組み，努力をしている。頑張る理由を筆者の経験より考えてみる。

　プロセス開発では，"新技術を創る喜び"や同一目標に向かって努力する仲間との"連帯感"が得られる。更に，開発したプロセスより生産された製品が市場に流通し"社会貢献"していることも実感できるし，"企業の利益"にも寄与する。そこで，プロセス開発により得られる成果を整理した。研究開発の主題は，「自らの挑戦（チャレンジ）」と考えている。

①新しい技術を生み出す楽しさ　：　創生の喜びと「自己の成長」，「自己実現」

②開発仲間との楽しい共同作業　：　「開発チームの絆」と「人間関係の醸成」

③新技術による製品の市場流通　：　「開発製品の社会貢献」を自ら実感

④開発技術が生む企業メリット　：　「企業利益・事業展開」への寄与

⑤技術開発力のレベル向上　：　「次期技術開発」への潜在能力獲得

　プロセス開発は「社会に貢献」する新しい技術の開発を目標とする。参加者は役割を分担して，担当する課題を自ら調査し検討を行うので，自分自身の"技術的な成長"が得られる。また技術開発は自主的な探求活動であり，自己の努力が実を結ぶ「自己実現」の場でもある。更に市場に関心を持つために，"技術と社会の関連"を幅広く捉える視点も得られる。

　プロセス開発は多くの担当者がチームを編成して進めるため，参加者の人間的な繋がりと相互協力により，一人ではできない大きな成果が達成される。相互協力の過程では"他者への配慮"や"チームワークの重要性"にも気付く。また，担当した課題につき『君がいたから良い結果を得た』と仲間から評価されて，「自分の存在価値」が認識できるのも嬉しい経験である。

　プロセス開発に成功し，品質・性能の向上やコストの低減などを達成した製品が市場に出回っているのを目撃すると，自分達が開発した技術が「社会貢献」していることが実感できる。新技術により企業の事業が拡大し，"企業利益"と"事業発展"が達成され，『参加者の一人ひとりが企業を通して社会に貢献』していることが理解できる。

　プロセス開発時に得られた「新技術の蓄積」や「市場ニーズの把握」

は，その後の新技術開発や新規事業展開に生かされる。経験を踏まえて，新たなプロセス開発を提案して推進すれば，企業の更なる発展に寄与できる。

1.2　プロセス開発はどう進めるか

● 1.2.1　プロセス開発の分類

プロセス開発はどの様な技術課題を目的にするかにより，必要とされる開発期間に差が出る。技術開発の対象が，「"既存製品"の改良」，「"既存技術"の改善」，「"新製品"の開発」のいずれかにより，取り組み方や開発期間に違いが出る。

＜プロセス開発の分類＞	＜技術目標＞	＜開発期間＞
①既存技術のプロセス改善 :	既存事業の競争力強化	1 〜 2 年
②既存品の新プロセス開発 :	原料転換を含む既存事業の新展	2 〜 3 年
③新製品の新プロセス開発 :	新製品の供給，新規事業の創設	3 〜 5 〜 7 年

「既存技術の改善」を行うプロセス開発では，"安全とコスト"の改善を目的とすることが多く開発期間も 1 〜 2 年と短期となる。技術情報として，既存プロセスが持つ「弱点と危険性」と採用の可能性がある「設備の情報」を入手する。また「市場情報」として，競合品の価格動向や市場の新たなニーズ展開を整理する。

「既存製品のプロセス改善」の場合は，"原料転換"や"製品の性能強化"が主目的と成り，基礎試験からの検討が必要となる。大幅なコストダウンと製品性能の大きな改善を図るには，競合する製品の"市場動向"を常に見ながら「開発目標」を設定する。開発期間は 2 〜 3

年が必要となる。

　「新製品のプロセス開発」では，既存製品と比較して大幅な“物性や
コスト”の改善が目標となる。新プロセスに採用する可能性がある機
器・設備について，性能・価格を調査する。要求を満足する機種がな
ければ，必要により自ら新規開発を行う。また，供給する新製品が市
場でどの様に成長するかを予測する。新規なプロセスの開発には，基
礎研究からの技術開発が行うために，一般的には 3 〜 5 年の開発期間
が必要である。規模の大きい新プラントを建設する場合には，設計・
建設に時間を必要とするため，開発から本プラントの完成までに 5 年
以上掛かることもある。

◉ 1.2.2　プロセス開発の手順

　プロセス開発を進めるには，最初に「テーマの設定」を行い，次に
必要となる“試験設備”や“開発要員”を含む「開発計画」を作成す
る。更に計画実行に必要とされる「費用と期間」の概要をまとめ予算
案を作成する。(「テーマ設定」→「開発計画」)

　プロセスを構成する「個別技術の解明」には，規模の異なる複数の
試験設備を活用して実験を行う。試験結果より各工程の機器仕様を選
定し，それらを組み合わせて最適な技術の流れ（プロセスフロー）を
構成する（「各種実験」→「個別技術解明」→「プロセス組立」）。

　次に目標とする製品の市場ニーズ・製品性能を想定して，「設備の
設計」を行う。プロセスを構成する各装置に求められる機能を把握し，
「単位操作」の確立を図る。その後，全体の「プロセス設計」へと移行
して，「本プラントの設計・建設・操業」を行う。(「市場ニーズ把握」
→「単位操作確立」→「プロセス設計」→「本プラント建設」)

　プロセス開発の全体像を把握するために，工程別に分けて課題を整
理する。ここでは課題の全容把握を目的としており，個別課題の詳細
は第 2 章以降にて解説する。

```
＜検討工程＞          ＜検討事項＞
```

①前処理工程　：　原料の受入・貯蔵・調整・供給など

②反応工程　：　反応による目的物の生成

③回収・生成　：　目的物の分離・精製と副生物の回収など

④後処理工程　：　製品の梱包・貯蔵・出荷など

⑤副生物処理　：　排ガス・廃液・廃棄物の処理・回収・排出

⑥資材・溶液　：　副原料，触媒，電気，水，スチーム，熱媒，冷凍など

◉ 1.2.3　プロセス開発に必要な実験

プロセス開発では 3 段階の目的別研究を行い，その結果を踏まえて「本プラントの建設・操業」を検討する。

（1）試験研究の段階

①基礎研究　：　新プロセス・新製品の"基礎研究"

②開発研究　：　新しいアイディアの"工業化研究"

③応用研究　：　市場に適する製品開発を探索する"市場開発研究"

④安定操業　：　本プラントの安全・安定操業が可能な"生産技術確立"

（2）研究・開発の規模

プロセス開発の技術検討は，一般的には規模の異なる「4 段階の試験」にて行われる。

①ビーカー試験（小試験）　：　基礎・探索の小規模試験

②ベンチスケール試験　：　単位操作や物性の開発試験

③パイロットプラント試験　：　プロセスの確認，スケールアップデータ採取，市場開発サンプルの製造

④本プラント試験　：　操作条件・物性の確認，改善データ採取

9

写真 − 1　小試験設備　　　　　　写真 − 2　ベンチ試験設備

写真 − 3　パイロットプラント試験設備

写真 − 4　本プラント設備

(3) プロセス開発の課題把握

「ビーカー」,「ベンチ」,「パイロットプラント」,「本プラント」の各段階にて検討すべき課題の内容を，反応・物性・設備・市場等に区分して整理した。その全体像を「プロセス開発の手順と課題」として，概要を次に示す。

表1-1 プロセス開発の手順と課題

開発段階	①ビーカー	②ベンチ	③パイロット	④本プラント
a. 反応課題 （反応器例）	反応解析 （〜1L）	反応速度 （〜100L）	反応熱・除熱 （〜1m³）	安定反応 （10m³〜）
b. 物性課題	基本物性探索	応用物性検討	市場性の把握	品質保証
c. 設備課題	反応条件探索	単位操作検討	プロセスの確立	安定した量産
d. 市場開発	既存市場調査	限定サンプル （無償）	市場サンプル （無償/有償）	上市・拡販 （価格設定）
e. 課題の推移	テーマ設定	目標設定	企業化判断	事業推進
f. 情報調査 （特許申請）	文献・特許 （反応特許）	市場状況 （物性特許）	事業性検討 （プロセス特許）	ニーズ動向 （製品特許）

(4) プロセス課題と進め方

各試験で検討するプロセス課題と解決する方向性をまとめた。プロセス研究は検討項目が多岐にわたるので，担当者を決めて推進する。プロセス開発では，課題担当者の提案・研究成果が採用される可能性が高く，意欲を持って技術開発に取り組みたい。全体のまとめは，プロセス開発のリーダーが責任を持って行う。

①目標の設定　　　：　画期的な製品・プロセスの開発（先行技術比較，特許調査）

②現象の把握　　　：　反応・各操作の現象把握と解析，数値モデル化

③数値モデルの検討：　モデルの適応範囲・精度の検討，モデルの修正

④プロセスの組立　　：　単位操作の選定・組み合わせにより最適
　　　　　　　　　　　　　プロセスを組み上げ

⑤操作条件の検討　　：　製品物性と操業安全より可能な操作条件
　　　　　　　　　　　　　範囲の設定

⑥スケールアップ　　：　各機器のスケールアップ因子の把握，大
　　　　　　　　　　　　　型機器の設計

⑦材質の検討　　　　：　耐食性・強度・価格・納期などを考慮し
　　　　　　　　　　　　　て選定

⑧プロセス制御　　　：　単体機器およびプロセス全体の運転制御
　　　　　　　　　　　　　方式の検討（コンピューター制御/DCS/
　　　　　　　　　　　　　AI）

⑨市場開発　　　　　：　製品サンプルの市場評価，物性改善

⑩運転方法の検討　　：　スタートアップ・シャットダウン方法，
　　　　　　　　　　　　　複数製品の生産方法

⑪本プラント設計　　：　基本設計（プロセスフローシート，プロ
　　　　　　　　　　　　　セス概要，物質収支，熱収支，機器仕様）
　　　　　　　　　　　　　はプロセス研究者が担当

⑫建設・試運転　　　：　エンジニアリング会社へのプロセス説
　　　　　　　　　　　　　明，試運転立会い

（5）プロセス開発項目の具体例（ポリマー重合プロセスの例）

開発プロセスとして「ポリマー重合」を想定した場合の具体的な検討課題を示してみる。

①目標の設定　　　　：　目標物性（強度，流動性など），分子量・分
　　　　　　　　　　　　　子量分布

②反応の解析　　　　：　触媒性能，溶媒効果，分子構造の解析

③反応のモデル化　　：　反応スキーム，反応速度，反応速度定数

④プロセスの組立　　：　単位操作の設定，試験設備の準備

⑤操作条件の把握　　：　操作条件と物性の関係，法規制・保安条件
　　　　　　　　　　　　　の確保

⑥スケールアップの検討（パイロットプラント試験結果を活用）

　ⅰ）重　合　缶　　：　流動解析，除熱能力解析，撹拌翼形状，
　　　　　　　　　　　　　　必要動力，相似則
　ⅱ）揮発分除去設備　：　加熱方式，濃縮原理・機構，組成の変
　　　　　　　　　　　　　　化
　ⅲ）添加剤混合器　　：　混合方式，混合度の検討，圧力損失，
　　　　　　　　　　　　　　設備費
　ⅴ）溶剤等回収設備　：　溶剤・副生物の回収，リサイクル溶剤
　　　　　　　　　　　　　　組成（精製設備）
⑦材質の選定　　　　：　"安全とコスト"で選定，法規制（JIS, ASME
　　　　　　　　　　　　　　など）
⑧制御システム　　　：　重合缶の温度制御，プロセス制御

1.3　プロセス実験（ビーカーから本プラントへの 4 段階）

　プロセス開発では，まず「ビーカー実験」にて化学反応の現象把握と解析を行う。次に開発目標を設定し，プロセスの課題，安全性，コスト面の検討を行って技術的確立を図り，最終的には市場ニーズへの対応を行う。

　「ビーカーから本プラント」へのスケールアップには技術原理の解明に加え，規模の拡大に伴う課題も検討する。例えば，熱伝導に基づく除熱能力では装置のスケールに大きく依存するので，理論的検討に加え経験的な知識が求められる（体積はサイズの 3 乗に比例するが，除熱等の面積は 2 乗に比例）。

　化学製品は"自然法則"を活用した複数の技術の組み合わせにより生産が行われている。そのため目標とする化学製品を開発するには，関係する「自然法則の解明」から始まり，市場が必要とする性能を複数の技術を組み合わせして達成し，生産プロセスを確立していく。

第1章　プロセス開発の概要

＜プロセス開発の手順概要＞

①小試験（ビーカー試験）　　：　反応の基礎的把握と開発プロセスの構想を描く

②ベンチ試験　　　　　　　：　開発対象物質の反応と物性を把握

③パイロットプラント　　　：　プロセス構成の確立と市場へのサンプル供給

④本プラント計画　　　　　：　物質収支・熱収支の計算やプロセス設計・プラント設計

⑤市場調査・市場開発　　　：　技術開発と併行して各種情報（文献，特許，他社情報，市場情報等）を調査し，技術開発の方向・規模を見極める。

　プロセス開発にて検討する課題の全体像を図示した。プロセス開発の各試験にて検討する課題が全体のどの部分に当たるのか，常に意識して各課題に取り組んでいく。

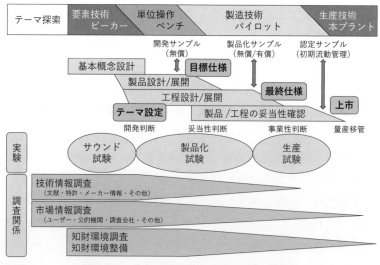

図1-1　プロセス開発の手順と課題（概要）

◉ 1.3.1　小試験（Beaker scale test）の役割

　小試験は一般的には「基礎研究」に当たるもので，「反応及び物性」
の新たな知見を解明する。小型試験装置（1ml〜数 100ml 程度）を用
いて，数多くの試験を行い反応や物性のデータを採取して検討する。
試験にて得られる少量のサンプル（1g〜数 10g）にて組成分析を行っ
て反応機構，反応速度，副生物，収率等の検討をする。

　反応の進行と物性の変化を丁寧に把握し「反応解析」や「基本物性」
の検討を実施する。"反応条件〜生成品構造〜製品物性"の関連を，可
能な限り自然法則に基づいて解明する。原理的な解明が困難なものは
「条件〜結果」の相関データとして整理しておく。なお，小試験では次
の様な課題を実行する。

　　＜小試験の課題＞
　　（1）反応・構造　：　反応機構，反応速度，製品収率，副生物等の
　　　　　　　　　　　　解明
　　（2）安全・環境　：　原料・溶剤・触媒・反応生成物の毒性，爆発
　　　　　　　　　　　　性，環境への影響等
　　（3）品質・規制　：　品質，操業安定性，法規制等を考慮した操業
　　　　　　　　　　　　許容範囲の設定
　　（4）物性データ　：　関連する全物質の物性を調査・測定し，「物性
　　　　　　　　　　　　データ集」を作成

◉ 1.3.2　ベンチ試験（Bench scale test）の役割

　ベンチスケール試験では，装置が大きくなり（1〜100 l 程度），あ
る程度のサンプル量（100g〜数 kg）が得られる。単品の物性だけでな
く実用時の物性データの採取も行う。また，各単位操作に求められる
機能の解明を図る。更に，限定ユーザーにサンプルを供試し，製品の
市場可能性を探索する。また，副生物等についても種々の検討を行う。
ベンチ試験段階では「製品物性の解析」，「単体機器の機能選定」，「市

場ニーズ調査」が主な役割である。

　＜ベンチ試験の課題＞
　（1）反応と物性　：　単品物性と反応条件・操作因子との関係の解
　　　　　　　　　　　　析
　（2）物性の改良　：　配合剤や混合方法による製品物性の改質検討
　（3）副生物検討　：　副生物の発生量，分離方法，無害化等の検討
　（4）各単位操作　：　プロセスの組立，各単位操作に適する機種の
　　　　　　　　　　　　選定
　（5）市場性検討　：　サンプルの限定ユーザー評価，市場ニーズの
　　　　　　　　　　　　把握，実用配合の検討

◉ 1.3.3　パイロットプラント試験（Pilot plant test）の役割

　パイロットプラントでは，大型反応器（数100 l〜1m^3）より得られ
る多量のサンプル（10kg〜数100kg）を用いて「市場開発」を行う。
また，各単位操作の「技術確立」を図り，本プラントの設計に必要な
技術データを整理する。期待される市場規模より本プラントの規模を
設定し，プロセス設計とプラントの設備設計を行う。本プラントに備
え，作業員教育や操業方法の検討を実施する。また，事業化時の経済
性の検討も重要である。パイロット試験段階では，「技術確立」と「市
場調査」を行い，「本プラント計画」を作成する。

　＜パイロット試験の課題＞
　（1）技術確立　　　：　単位操作の確立，設備仕様の確立，本プ
　　　　　　　　　　　　ラント設計用のデータ確保
　（2）プロセス確立　：　プロセス設計，計装システム設計，環境
　　　　　　　　　　　　対応等の確立
　（3）操業技術確立　：　操業条件の設定，操作方法の検討，オペ
　　　　　　　　　　　　レーター教育
　（4）市場開発推進　：　サンプルによる市場開発，競争力把握，
　　　　　　　　　　　　コストデータの整理

　（5）本プラント設計　：　本プラントの設計，見積り，売価設定，
　　　　　　　　　　　　　　販売ルート，経済性

◉ 1.3.4　本プラント（Commercial plant）の役割

　本プラントでは「安全・安定操業の確立」と「経済性確保」を踏ま
えて「供給責任」を果たす。また，市場ニーズに適合する"品質・コ
スト・安全性等"を確立するために，生産技術や操業技術の向上を継
続する。生産性向上と安全性向上を図るプロセス改善を実施すると共
に，人材育成と操業データの蓄積を行う。更に，日常的な地域との対
応に加え，プラントの危険性把握と緊急時対応を確立する。本プラン
トでは生産・雇用の確保と次の事業展開を模索する。

　＜本プラントの課題＞
　（1）安全・安定操業　：　安全・安定生産の維持，製品の市場供
　　　　　　　　　　　　　　給責任
　（2）市場ニーズ対応　：　品質改善，プロセス改善，収率・操作
　　　　　　　　　　　　　　性の改善継続
　（3）人材の育成　：　プロセス教育，操業データ蓄積，安全
　　　　　　　　　　　　　　活動・環境対応の実施
　（4）事故・緊急時対応　：　危険の把握と対応準備，地域対応，緊
　　　　　　　　　　　　　　急時の想定と対策
　（5）経済性の確保　：　生産性及び経済性の向上，事業展開の
　　　　　　　　　　　　　　可能性追及

　プロセス開発に活用する技術として化学工学の知見が有用である。
何故なら化学工学は『自然法則を定量化し，課題の解決を図る』こと
を目的した技術体系である。
　なお，品質・コスト・安全・環境を考慮した『単位操作の開発とプ
ロセス全体の最適化』の検討では，物性専門家の支援を受ける。また，
プロセス開発では『安全を考慮した設備と操業』の確立を行うため，

設備や環境・安全の担当者の参画が必須である。本プラント操業に向けては操業要員の「安全意識（安全文化）」の向上を図ることも重要である。

1.4　技術開発の具体的な目標設定

技術開発の目標を何にするかは，開発意欲に大きな影響を与える。目標は自分勝手には設定できないが，技術開発を始めるときに次の視点にて課題の目標を議論すると良い。

◉ 1.4.1　安全性向上

技術開発にあたり安全性確保は必須であり，安全の課題としては労働災害，プロセス災害，自然災害等の防止を検討する必要がある。最近，化学産業では『安全最優先』の方針が提起されている。

「労働災害」の防止には，安全性の高い原材料の選定と製造工程での安定確保に配慮する。

「プロセス災害」の防止には，安全な操業条件の設定や危険物質の蓄積の防止を考慮する。

「自然災害」（地震，雷・竜巻，豪雨・洪水）への備えは，地域ごとの規制や立地条件を事前に検討しておく。

◉ 1.4.2　利益性向上

技術開発の段階において，製品の"価値向上"と"生産コスト低減"を図りながら，市場における利益確保の方法を検討する。利益確保には次の項目を意識して技術開発を進める。

「原単位向上」は原材料のコストを低減する重要な技術課題である。

「生産性向上」は小人数での生産が可能で，トラブル発生が少ないプロセス技術を目指す。

「設備費低減」は簡潔なプロセス開発と簡便な単体機器の採用によ

り，初期投資を抑制すると共に，長期にわたる設備償却と設備保全の負担を低く抑える。

● 1.4.3　将来展開への可能性準備

折角，新たな技術を開発するのであるから，製品の短期的な収益性だけでなく，長期的な製品の将来的発展にも十分な配慮を行う。

「新製品開発」では性能・品質・価格での優位性を追求し，市場性での競争力と成長性を確保する。

「新技術開発」では長期的な市場ニーズに対応可能な"世界トップ"の技術（プロセス，使用機器性能）を目標とする。

設定する目標により，必要となる技術の調査範囲も変わる。技術の新規性や成長性を期待する場合には，技術の動向や市場の成長性を調査し，短期的・長期的に開発すべき技術課題を設定する。目標によっては既存技術の組み合わせで対応できることもあるが，状況によっては自らのアイディアによる"独創的な技術創造"も必要となる。

開発すべき技術の核心を探り，解決策を実現させるには，"自ら考え行動"することが技術開発の基本と云える。開発課題は他から提示されることも多いが，自ら開発案件を提案することも重要である。"自ら提案し自ら解決"することで「自己実現」の喜びと達成感が得られる。可能なら，世界を相手に革新的な"世界一"の新技術開発に挑戦してみたい。

但し，単に夢を追うのではなく『技術開発は投資』あり，「社会ニーズに対応」して初めて成功し価値を生ずることを常に意識して技術開発にあたる。

1.5　情報収集と活用

技術開発を進めるには，技術情報や市場動向の調査と把握が不可欠である。新技術は既存技術に新たな発想と工夫に加えて開発が進展さ

れる。情報の多くは検索等で把握できるが，他者に勝る技術を開発するには市場情報の詳細を"自らの足で把握"することが重要である。

◉ 1.5.1　各種情報の調査

技術情報の収集では，テーマに関連する既存技術，他社の特許や技術開発の進捗状況，産学官やマスメディアより発表される関連技術，市場にて期待される製品特性・価格などを調査し，自らも全体像の把握に努める。これ等の情報はプロセス開発の方向性を決める上で大変有用である。

①文献による既存技術の把握　　　　：　反応系，有用物性，危険性等

②特許情報で既存技術の権利状態　　：　反応，プロセス，配合物，用途

③他社の技術開発動向検討　　　　　：　目標物性・価格，市場開発状況

④研究機関・新聞・学会等の情報整理　：　新技術動向

⑤市場・ニーズ動向への対応検討　　：　市場サンプル配布，ユーザー評価

◉ 1.5.2　特許申請

技術開発より得たプロセス技術や用途情報は，特許申請して知的所有権の確保を図る。特許による知財権は市場競争の"武器"となり，利益確保の源泉となる。特許を申請する項目としては反応・物性・プロセス・用途を含め，なるべく広い範囲での権利の確保を図る。研究者・技術者が自ら特許明細書を作成する場合は自分の専門的な視野からだけではなく，"特許の専門家"と相談し明細書の論理構成や権利請求の範囲を決めると良い。

＜特許申請する課題＞

（1）化学反応　：　新たに見出した価値ある「新発見の化学反応」

(2) 新規物性　：　「新規物質」が持つ物性，社会的に価値がある物
　　　　　　　　　　性

(3) 優良製品　：　市場ニーズに適応する「優良製品」の配合処方

(4) 新規製品　：　市場情報より新たに開発した「新製品と用途」

(5) 開発技術　：　開発した「単位操作」，「プロセス」，「装置類」
　　　　　　　　　　等

◉ 1.5.3　市場開発の推進

市場開発は何回かの物性改良と市場評価を通して，基礎研究～実用化研究～市場供給へと発展させていく。

プロセス開発実験を進める一方，市場開発も段階的に進展させていく。市場開発には生産技術とは違う要素があり，プロセス開発要員とは別の人材を確保して，市場開発を着実に進展させていく。

＜市場開発の手順＞

「基礎研究」→「応用研究」→「開発研究」→「製品化研究」→「市場対応研究」

(1)「基礎研究」　：　反応条件を広く変化させ，可能な物性範
　　　　　　　　　　　囲を把握し，整理する。"ビーカー試験"
　　　　　　　　　　　の主要課題である。

(2)「応用研究」　：　配合剤や配合方法を変えて，製品物性の
　　　　　　　　　　　範囲を検討し，顧客ニーズに対応する物
　　　　　　　　　　　性を選定する。必要により，限定ユー
　　　　　　　　　　　ザーにサンプル供給し，評価を受ける。
　　　　　　　　　　　これは，主として"ベンチ試験"段階に
　　　　　　　　　　　て実施する。

(3)「開発研究」　：　製品サンプルによる市場評価を実施して，
　　　　　　　　　　　市場が求める物性を把握し改善を図る。
　　　　　　　　　　　広く市場にサンプルを供給するので，十
　　　　　　　　　　　分な量が確保できる"パイロット試験"

の段階にて行う。

(4)「製品化研究」　：　市場ニーズに対応するために，物性と価
格の両面より改善を実施し，市販が可能
な製品の開発を行う。本プラントの規模
を含む建設計画に必要な情報であり，
"パイロット研究"の最終段階にて結論
を出す。

(5)「市場対応研究」　：　変化する市場ニーズへの対応研究は本プ
ラントにおいても行い，更なる事業展開
ための新製品開発を継続する。

◉ 1.5.4　市場開発の体制と役割分担

新規製品の市場開発には，製品物性の改善を行う「物性担当グルー
プ」と市場情報を把握する「市場担当グループ」を持つ体制を準備す
る。

(1)　物性担当グループ　：　①反応条件と製品物性の関連把握
②必要物性実現の操作条件設定
(2)　市場担当グループ　：　①市場ニーズの目的把握
②目的達成の物性明確化
③コスト・生産性を配慮した製品性能
設定

物性担当者も市場担当者に同行してユーザーを往訪し，市場ニーズ
の背景や動向を自ら理解し把握すると，微妙なプロセスの改善点への
示唆が得られる。市場開発を担当者任せにせず，プロセス担当者も物
性改善に関与すると良い。

1.6　プロセス開発の全体像

プロセス開発は多くの技術課題を多数の担当者に分担して進めるた

め，技術開発の全体における自分の担当課題の位置を把握することが必要である。「プロセス開発の全体手順と課題」を総括的に整理したので，自分は何を担当しているか，または何を担当したいかを考える参考にしてもらいたい。

①テーマの設定　　：　自社の技術・事業の展開，市場ニーズの動向，開発難易度

②反応系の検討　　：　原材料，生成物，危険物質の有無

③構造と物性　　　：　構造と物性の関係把握，目標物性の設定

④反応条件設定　　：　反応条件と生成物の解析，反応条件設定（温度・圧力・濃度等）

⑤プロセスの構成　：　原料〜反応〜分離・精製〜製品化，ブロックフロー作成

⑥単位操作の確立　：　各単位操作の最適化，設備・使用条件の確立

⑦プロセス設計　　：　プロセス全体の最適化，物質収支・熱収支，PFD/P&ID 作成

⑧本プラント設計　：　全機器の設計，配管・計装等の設計

⑨本プラント建設　：　立地検討（規制，用役・原材料等），建設プロジェクト推進

⑩本プラント操業　：　リスクアセスメント，運転マニュアル作成，教育実施，操業

　この過程で解明する課題としては，「反応解析」，「構造と物性の整理」，「操業条件設定」，「プロセス組立」，「最適装置の選定」，「プロセス設計」，「本プラント設計」，「本プラント建設」，「操業条件設定」がある。そして「作業員教育」と「本プラント試操業」を経て「本プラントの本格操業」へと移行する。

　なお，本プラントの「リスクアセスメント（危険性検討）」と「オペレーション・マニュアル（作業手順書）」の点検は，操業に関与する人

達が "全員参加" して，操業開始前に実施すると内容も改善されるし，プロセスへの理解も深まる。

-------------- ＜コラム＞『宝の持ち腐れを無くしましょう！』--------------

　企業の技術開発への対応には大きく二つの傾向がある。第一は，技術開発によって新技術・新事業の展開を求めるもの。第二は，既存技術の部分改良による既存事業・既存収益の継続を望むものである。

　優秀な人材を多く抱える企業でも「既存技術の改良」が主体で，新技術開発を疎かにする場合がある。優れた人材は "宝もの" である。『宝の持ち腐れ』にならぬように，優秀な人材を，"既存技術を超える新技術開発" に投入することが望まれる。また，技術開発に興味を持つ人は「技術の動向」や「社会の要請」を自ら勉強し，新技術開発を提案してプロセス開発に挑戦しましょう。新技術開発により社会に貢献し，企業を発展させ，自らの成長と自己実現の達成が可能となる。技術開発に挑戦し『宝の持ち腐れを無くしましょう！』

第2章

小試験（ビーカー試験）
－基礎試験－

2.1　小試験によるテーマの設定

2.2　適正な反応系の選択

2.3　小試験計画の作成

2.4　反応解析

2.5　反応熱の検討

2.6　反応収率の検討

2.7　製品の単離・精製

2.8　基本物性の把握

2.9　原材料・製品のデータ集積

2.10　小試験成果の整理

2.11　小試験のチーム活動

2.12　特許の申請

私達の生活に役立っている化学物質は，化学，繊維，農薬，製薬等の産業界にて生産されている。その共通技術は化学反応である。これ等の産業における技術開発は，小試験（ビーカースケール試験）での化学実験より始め，「価値ある物質の探索」と「反応機構の解明」を目的として推進する。

　ビーカー試験とは，学校の理科の時間にビーカーやフラスコを使って行った小規模試験のことである。実験装置がガラス製の場合，中が良く見えて現象の観察には好適である。新規の技術開発には，「データ採取」だけでなく「現象の観察」がその後の技術展開に重要となる。小試験は大型技術の開発のための"出発点"であり，プロセス開発を行う価値のある化学反応かどうかを検証して，"テーマの選定"を行う役割がある。

　反応系には気相反応，液相反応，固相反応があり，時にはその混合系も活用される。気相反応としてはエチレンクラッカーによるエチレン，プロピレン製造等がある。液相反応はスチレン重合，塩ビ重合などがあり，薬品の製造も液相反応を活用する場合が多い。固体と固体の直接反応は反応が進み難いので固体〜気体，固体〜液体の反応系で行うことが多い。

　反応系の種類を全てにわたり説明をすると膨大となるので，本書では液相反応での重合系，特にポリマーのプロセス開発を主体に記述する。なお，プロセス開発の手順やスケールアップの手法は反応系が異なっても，原理的には共通である。

　研究課題を自らから設定する場合は勿論であるが，他から持ち込まれた課題であっても「テーマの目的」を担当者として明確にする。研究開発の達成には，担当者の自主的・主体的な研究意欲が不可欠であり，「研究目標の設定」と「研究価値の明確化」は研究への意欲に大きな差を生ずる。

2.1　小試験によるテーマの設定

　プロセス開発における「テーマ選定」は開発する技術の事業性・発展性を決める。また，テーマがもつ価値は，技術開発を進めるために必要な"ヒト・モノ・カネ"の投入意欲に影響する。テーマを設定するときには，「原材料」の入手，目標とする「市場の動向」，「他社の動向」，自社の「保有技術」，開発の「難易度」，反応・製品の「安全性」，開発に必要な「体制」等を検討する。その上で市場参入の難易度や自社事業への寄与を見定める。

　小試験段階では，関与する人が少なく必要な情報が得られないことが多い。技術情報は研究担当者が調査できるが，市場性は営業部門の協力を得て情報収集を行う。

　＜テーマ設定時の検討項目＞
①市場動向，他社動向
②自社の保有技術
③開発難度，開発期間　　　　　　　　　→テーマ設定
④開発体制，開発費用
⑤開発技術の市場価値　等

　開発テーマを設定したら，開発に必要な技術課題を整理し，「プロセス」及び「物質」に関する基礎データの採取を小試験（ビーカー試験等）にて始める。小試験では数多くの実験が可能なので，広範囲にデータ収集を行う。集積したデータを用いて，反応速度などの「反応解析」，強度などの「基本物性」，温度・圧力などの「操作条件」の影響などを整理して，反応に関わる現象を幅広く把握をする。合わせて，関係する化学物質の蒸気圧や爆発性などに関する「物性定数」の収集と整理を行い，その後の研究方向の検討に活用する。

＜小試験での検討課題＞

①「反応解析」の実施	：	反応式，収率，温度，粘度，色相，沈殿等
②「基本物性」の把握	：	分子量，組成別物性，比熱，分解性，毒性等
③「操作条件」の選定	：	温度・圧力，供給速度，撹拌・混合等
④「物性定数」の収集・整理	：	個別成分・混合物・副生物等の物性等

反応解析の検討では，反応式や反応機構の把握より始める。更に反応速度や反応系粘度などの温度・濃度・圧力等の依存性を把握する。

反応式例 ： A＋B→C＋D（A，B：原料，C：製品，D：副生）

反応速度 ： Cc＝k×Ca・Cb（Ca，Cb，Cc：各成分濃度）

基本物性では，分子量・比熱の測定や物質の分解性・毒性の把握を行う。特に，分子構造と物性の関係は基礎からの理解に努める。分析・解析部門の専門家の協力を得ると良い。

操作条件の検討では，反応現象を精密に把握する。実験中の反応状況を観察して反応液の色・粘度・色相等の変化を丁寧に観察して，自ら選定した反応に"親近感"を持つと，その後の研究展開が楽しくなる。

物性定数は蒸気圧，溶解度，分解性など種類が多いので，小試験段階では必要な項目を選んで整理する。

反応，構造，物性，分析などで不明な点があれば，専門家より必要

図2－1　小試験の役割

な知識を吸収する。専門家との議論は自分が知らないものの見方を得ることもあり，大変有益である。

小試験の役割を**図 2 − 1**に示すので，概要の把握に利用して欲しい。

2.2　適正な反応系の選択

開発すべき目標の化学品が選定されても，その製法は複数存在する場合がある。どの製法にするかは，原料価格に加え反応の安定性，製品物性の再現性，プロセス安全性等を考慮する。また，毒性を持つ物質（原料，副生物，溶剤等）の取り扱いはなるべく避けると良い。

反応の安定性や物性の再現性に問題を感じるときは，小試験でのデータを整理して，原料由来（純度バラツキ等）か操業条件（混合状況等）かを調べる。

プロセスの安全性は「爆発・暴走反応」の可能性を抑え込むことができる原料を採用すると技術開発が進め易くなる。

＜反応系選定時の考慮項目＞

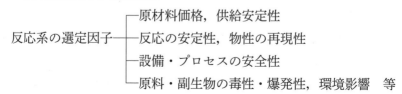

反応系の選定因子
- 原材料価格，供給安定性
- 反応の安定性，物性の再現性
- 設備・プロセスの安全性
- 原料・副生物の毒性・爆発性，環境影響　等

◉2.2.1　原料系の選定

原料の選定は直接的な価格だけではなく，「収率」も考慮した総合的な「原料コスト」を検討する。また，「安全性」には毒性，爆発性，環境汚染性などを考慮する。

技術競争力として重要な原材料コストは，次の式にて原料別に計算し，その後全体を集計して全体の原材料コストの概略値を算出する。なお，小試験の本格開始前の段階では，文献等のデータや予備試験結果を用いた概略の数値で良い。その後，実験の進展につれて原単位の

数値精度を高めていく。

　　＜原単位等の計算＞ A ＋ B → C（製品）＋ D（副生物）の反応系の場
　　　　　　　　　　　　合，
　　・A の原単位＝A/C　　・B の原単位＝B/C である。
　　・製品 C の選択率＝C/（C ＋ D）

　　＜原材料コスト＞　試験等のデータにて原単位を推算し，次式にて
　　　　　　　　　　　算出する。
　　・原料別コスト（円 /Kg）＝原料単価（円 /Kg）× 使用量（Kg）/
　　　　　　　　　　　　　　製品量（Kg）
　　　　　　　　　　　　＝原料単価（円 /Kg）× 原単位（Kg/Kg）
　　・原材料総コスト（円 /Kg）＝Σ原料別コスト（円 /Kg）
　　　　　　　　　　　　　　＝ Pa ×（A/C）＋ Pb ×（B/C）

　　但し，Pa は原料 A の単価，Pb は原料 B の単価

● 2.2.2　溶剤の選定

　溶剤の選定では反応への有効性に加え，毒性の有無や影響力を考慮
する必要がある。以前，溶剤として広く普及していたベンゼンや四塩
化炭素は，その毒性や有害性が認識され最近は使用を避ける傾向にあ
る。例えばベンゼンの場合，ポリマーの溶解度が大きいため反応実施
時に高い重合率が可能であり，経済性メリットのある生産方法が構築
できるが，毒性があるので使用は避けられるようになった。また，四
塩化炭素は反応性の高い塩素化合物が存在しても安定な溶剤であり使
い勝手は良いのだが，環境への悪影響（オゾン層破壊）があり使用が
規制された。また，溶剤は精製工程にて製品から分離しリサイクル使
用するので，製品との分離性やリサイクル使用時の品質安定性も考慮
して選定する。

　　＜溶剤選定の検討事項＞
　　①原料や製品の溶解度
　　②反応への影響度，副反応への影響有無

③有害性や毒性の強さと許容濃度

④分離・回収の難易度，回収工程での安定性　等

⑤価格，リサイクル使用時の劣化

◉2.2.3　触媒の選定

　目的の反応に有効な触媒系が複数存在することがある。反応促進効果と生成物の有効生成率（選択率）など触媒としての効率性を検討して選定する。使用した触媒が分解せずに製品系に残留する場合は，残留触媒を除く脱媒工程が必要となるので，触媒そのものの分解性や副反応性に加え分離性をも考慮する。特に触媒自体が毒性を有することもあるので触媒選定には十分な検討が必要である。既知の触媒系に満足できないときは，自ら新規触媒の開発を行う。優れた新規技術は，新しい触媒の開発により得られることも多い。

　＜触媒選定の検討課題＞

①反応促進の効果，目的生成物の選択率

②触媒としての性能安定性と劣化性

③触媒自体の有害性・有毒性

④反応後の回収操作要否（脱媒の有無）

⑤価格，必要使用量

◉2.2.4　有毒性の検討

　物質の毒性は濃度に依存する。化学物質は一般的に高濃度になると毒性が顕在化してくる。多くの物質につき毒性データが報告されているので，既存データを収集し，毒性の影響を確認する。データが無い場合には自社で測定するか，然るべき研究機関に検証を依頼する。また，反応系によっては副反応により，種々の副生物を生じる。副生物についても分離のし易さや有害性について，反応系を選択するときには検討する。プロセス開発が進展した段階で有害性がわかると，副生物の除去や毒性対応に困ることになる。

＜毒性に関する検討課題＞
①原材料，触媒，溶剤の毒性
②副生物の毒性と除去方法
③毒物の濃度依存性と許容濃度
④毒物の化学構造と無毒化の方法　等

2.3　小試験計画の作成

　反応系が決まると次は反応条件の設定へと移行する。反応条件は数多くの実験データより再現性・安定性を確認し選定する。ビーカー試験設備を準備するときに，3S（整理，整頓，清掃）を意識して実験環境を整えると，試薬の誤使用やデータの読み間違いなどを防止するだけでなく，実験の精度や観察の正確さが高まる。また，試薬の飛散もあり得るので，実験衣や保護具の着用等のルールを定めことも精度良く安全な実験を行うには必要である。

◉2.3.1　小試験設備の準備

　小試験の実験設備は一般的にはガラス製で，100～500ml程度のビーカーやフラスコを用いて行う。溶液を均一にするために撹拌が必要なときは，手動の撹拌棒か電動の撹拌翼を用いる。AとBを反応させる場合，A液とB液を始めから仕込み混合・反応を行う場合と，A液を先に容器に仕込みB液を分添して反応させていく場合とがある。反応が比較的遅い場合は，A液とB液を始めから仕込み混合するケースが多い。反応が早い場合ではAを仕込みBを分添する方法が採用される。また，Bが気体の場合は，必然的に後添加の方法となる。いずれの場合も現象をよく観察する（例えば，反応器内の気泡の動き等）ことがその後の研究促進につながる。また現象を見ながら，"何が，何故，どの様に"の視点にて現象変化を"頭に入れる"ことが必要である。
　反応を加圧状態にて行う場合にはガラス製でなく，耐圧性のあるス

ビーカーと撹拌棒　　　　三角フラスコに液添加　　三角フラスコにガス添加

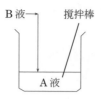

①ＡとＢの初期同時添加　②Ａ液にＢ液を適時添加　③Ａ液に気体Ｂを添加

図2−2　小試験の実験設備（例）

テンレス等の金属製反応器を使用する（例：オートクレーブ）。

　小試験にて解明したい課題を明確にし，実験方法・試験手順を常に検討する。

◉2.3.2　既存技術の確認

　反応の実験を開始するときに，自社保有の技術を含め，関連する既存技術を点検して置くと，技術開発を進める上で大変役に立つ。自社の技術資料，一般文献，他社特許等に記載されている反応を具体的に再現し，副生物を含む正確な反応過程を把握する。期待している反応が起きて，目的の物質が生成するかの確認である。特許等の記載は必ずしも正確でなく，時にはキーポイントをぼやかしていることも多いので，"自らの実証・確認"が必要である。

　＜既存技術の確認・実証＞

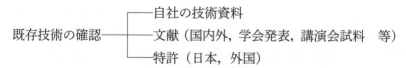

既存技術の確認───┬──自社の技術資料
　　　　　　　　　├──文献（国内外，学会発表，講演会試料　等）
　　　　　　　　　└──特許（日本，外国）

◉2.3.3　反応工程の把握と設備準備

　反応は撹拌・混合により進展させるケースが一般的である。急速な反応の場合は主原料に副原料を何回かに分けて添加する方法と，少量を連続的に供給する方法がある。また，反応時の発熱や泡立ち等が生

ずる場合は，ガラス製の実験装置を用いると溶液挙動等の現象観察が可能となる。反応過程の「見える化」を図ると，実験で生じている現象の理解がし易い。

次に示す反応工程の各種確認を踏まえて，小試験設備の準備を行う。

＜反応工程の確認＞

①混合・撹拌の要否

②原料の添加方法（一括，分添，連続）

③反応温度，圧力

④発熱の度合，除熱の要否

⑤小試験設備の材質（ガラス，金属）

⑥反応挙動（粘度変化，泡立ち，沈殿物）

2.3.4 組成変化の確認

反応の進展により組成変化が生じるので，時間間隔を決めてサンプリングを行う。反応の進展に伴う組成変化を確認するには組成分析が必要であり，組成の分析機能が必須である。実験担当者が自ら分析を行っても良いが，分析技術の進歩や作業効率を考慮すると，「分析専門家」の協力・確保が望まれる。得られた組成の継時変化をグラフ化す

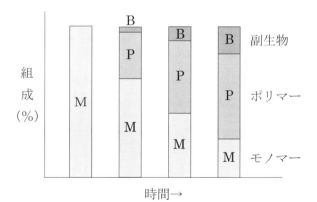

図2−3　反応の進行と組成変化

ると，現象の変化を把握しやすい。モノマーの塊状重合の場合での反応の進行状況をモデル的に図示した。反応器内で生じている変化を"見える化"して，頭の中にイメージしておくと便利である。

◉2.3.5　物性の確認

反応により生成する化学物質は物性測定が必要である。反応にて得られた化学物質の「構造と物性」の関係が理解できると試験の方向性が決め易い。特に物性改善が要求される場合には構造と物性の関係把握が必須である。この場合，化学物質の構造解析ができる「物性専門家」の支援が得られると良い。

化学物質の物性はその化学構造により決まるので，「構造と物性の関係」を理解して，構造制御の方法の検討を行い，希望する物性改善が得られる手法を確保する。

　＜物性改善の方法＞
　①生成物の化学組成と構造を確認
　②構造と物性の相関を把握
　③化学構造を変更する手段・条件を検討（原料，触媒，反応条件等）

◉2.3.6　試験体制の準備

プロセス開発の作業は個人一人では難しい。試験計画はプロセス担当者自身が作成する場合でも，試験設備の作成者，反応解析の担当者，構造・物性の専門家等が協力し合う体制ができると技術開発の進捗が早まる。よって開発テーマに相応しい「チーム編成」が重要である。当然であるが，開発の進捗により担当者の入れ替わりは起き得る。

　＜小試験の体制＞

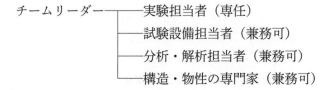

　チームリーダー──────実験担当者（専任）
　　　　　　　　├──試験設備担当者（兼務可）
　　　　　　　　├──分析・解析担当者（兼務可）
　　　　　　　　└──構造・物性の専門家（兼務可）

2.4　反応解析

　プロセス開発の技術課題の設定は，反応解析の結果を踏まえて決定されるので，反応解析は精度良く実施する。

◉2.4.1　反応系の確認

　選定した反応系の実験では，目的物質の生成を確認すると共に，副生物の有無も確かめる。

　A（反応物）＋B（反応物）→C（目的物）＋D（副生物）

＜具体例＞スチレンモノマーの製造（ゼオライト系触媒）

　　C_6H_6　　＋　　C_2H_4　　→$C_6H_5 \cdot C_2H_3$＋　　$C_6H_4 \cdot 2C_2H_3$　　＋etc
　（ベンゼン）（エチレン）（スチレン）（ジエチルベンゼン）

　副生物は1品種でなく複数生じることが多いので，反応生成物全体を分析し生成物を細かく特定し，"生成比率"も明確にする。副生物は後工程で分離するので，その物理的・化学的な特性も把握する。少量しか生成しない副生物であっても，製品物性に悪影響を及ぼすことがある。また，未反応原料や溶剤を循環利用する場合には"副生物が蓄積"してくることがあるので，少量でも副生物の挙動は明確に押さえておく。

◉2.4.2　反応経路の解明

　反応は分子と分子が出合って生じ，活性化エネルギーの低い経路にて沿って進行する。反応の経路は一部が枝分かれし副反応を生じることがある。また，反応の経路は触媒によって変わり得るので，採用する触媒により副生成物も変化する。実験中の反応器を観察しても反応の経路は見えないが，生じている「分子の動き・出会い・反応」を"頭の中で想像"し，"見える化"すると楽しい。反応経路と反応速度との

関係が"頭の中"に把握できていると反応工程の必要な改善点が見えてくる。

　反応が一段階で進行するか多段階で進行するか，どこが律速段階かを解明する必要がある。反応が多段からなる場合，各段の反応は素反応である。素反応のうちで，反応の開始に当たる第一段階が律速となることが多い。例えば重合反応では，開始反応，連鎖反応，停止反応の多段階が含まれている。開始反応を促進するために触媒を使用することもある。

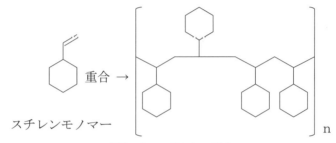

スチレンモノマー

図2−4　スチレンの重合

　実験ごとに得られる反応速度や副反応が"バラツク"ことがある。原料や触媒の不純物が変動している場合が多いので，組成が安定した原材料を使用することが重要である。時には前回実験の不純物が反応器に残存して，反応のバラツキを引き起こすこともある。実験には機器を十分洗浄することが再現性の良い実験を行う上での必須な留意点である。

◉2.4.3　反応速度の測定

　分子と分子の出会う速度より分子同士の反応が遅い場合は，反応速度で反応の進行が決まる「反応律速」となる。一方，反応は十分早いが分子の移動が遅い場合には，分子の拡散速度が反応速度を規定するので「拡散律速」となる。反応律速の場合，一般的には反応温度を高めると反応が速くなる。拡散律速では撹拌翼の改良・強化などで混合

を促進すると反応が進む。

　また反応速度は反応物質の濃度や原料の配合比率にも影響される。更に，反応を促進する触媒の存在や反応液の撹拌状態によっても反応の進行速度は変わる。

　＜反応速度への影響因子＞

①撹拌・混合　　：　「拡散律速」の場合

②反応温度　　　：　「反応律速」の場合

③濃度，圧力　　：　「操作条件」の選定

④溶剤・触媒の使用，原料配合比　　等

　反応速度を表現する基本的な式を次に示す。

　　「A」＋「B」→k「A」×「B」　k：反応速度定数

　しかし，実際の反応は副反応，2段階反応等があり複雑な反応系を形成することが多いので，理論的な反応速度式を正確に求めるには多大な労力が必要となる。プロセス開発では反応機構の理論的解明が目的でなく，反応の概要を把握して生産技術の確立を図ることを目指している。そのために測定し易い"物質量・時間・体積"を用いて反応速度を示す簡便な方法が用いられることが多い。小試験では，物質量として"重量表現"や"モル表現"を利用している。

　「目的物の生成速度」は，単位容積・単位時間当たりの生成量を用いて記述できる。

　　・重量表現　：　反応速度（wt/vol・time）＝（目的物生成重量)/(体積・時間）

　　・モル表現　：　反応速度（mol/vol・time）＝（目的物生成モル数)/(体積・時間）

　目的物の生成量は反応が複雑でない場合は，"mol"（モル）で表現し変化を追うと反応構造の把握に役立つ。副反応物の生成や目的生成物に分子量分布があるような複雑な反応系では分子数の把握が難しく，

物資量は"mol"ではなく"wt"（重量）で表現し，その後のスケール
アップに対応させる。反応速度の表現は，小試験段階では（g/ml・sec），
ベンチ試験では（kg/l・min），パイロト試験では（t/m³・hr）を使用す
ることが多い。

　小試験段階での反応速度の検討は，その後のスケールアップに備
え，どの様な操作因子がどの程度影響するかを見極めることが主目的
となる。

（1）反応の進行度データ（反応率）

　選んだ反応が進行するかどうか，またどの程度まで進行するのかの
把握を行う。反応条件を変えて反応の進行度合のデータを取る。

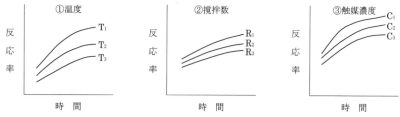

図2−5　時間〜反応率の関係（実験条件変更）

　図2−5に，「時間〜反応率」の関係として，実験条件を変動させ
た場合の時間経過と反応率の実験データを"モデル的"に図示した。
　条件を変化させたときの反応率への影響を，操作変数（温度，撹拌
数，触媒濃度等）ごとにデータを整理する。"時間〜反応の進行"の
データに基づき，可能な操業条件の範囲を検討する。反応率は高いほ
ど好ましいが，反応時間が長すぎるのも困るので，「適正な反応率と反
応時間」となる反応条件を選定する。

（2）反応速度データ

　操作条件を変えた複数の試験結果を図示して，反応の全体傾向の
"見える化"を行い，反応条件選定の参考にする。
　図2−6に操作条件と反応速度の関係を示した。

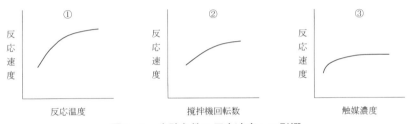

図2-6　実験条件の反応速度への影響

① 「反応温度」を高めると反応速度は一般的に早くなるが，使用可能
　な温度範囲は，設備や使用物質の安定性などにより限界がある。
② 「撹拌機の回転数」を高めると撹拌型反応器では，反応物質の混合
　が促進され，反応速度が高まる傾向にある。但し，撹拌による反
　応速度の制御性は小さい。
③ 「触媒濃度」は高くすると反応は促進されるが，ある濃度を超える
　と効果が小さくなる。触媒コストや脱媒の手間を考慮して適正な
　濃度を決める。一般的には触媒濃度はできるだけ低く抑えるのが
　良い。

　実用的な反応条件を検討するときには，反応率でなく反応速度で行
う。目的物の生成率を α，反応時間を T，反応容積を V として，「単位
時間当たり単位体積当たりの生成速度」を計算する。
　・生成速度 Rt〔wt/vol・time〕$= W_0 \times \alpha / V \cdot T$（$W_0$：初期仕込量）
$$= P/V \cdot T（P：生産量）$$
　反応速度 Rt を用いると反応時間 T と反応器容積 V より反応生産量
が計算できる。希望生産量 P を設定すると，必要な反応時間が逆算可
能である。
　・希望生産量 P〔wt〕$= Rt \times T \times V$
　・反応時間 T〔time〕$= P/Rt \cdot V$
　更に，望ましい反応時間 T（time）を決めと，必要な生産量 P（wt）
を得るための反応器容積 V（vol）は，反応速度 Rt（wt/vol・time）を

用いて算出できる。

・反応器容積 V〔vol〕＝P/Rt・T

2.5　反応熱の検討

　反応が起きると反応熱が生じる。通常は発熱反応が多いが，吸熱反応の場合もある。これは反応系と生成系の熱力学定数である生成エネルギーのレベル差に依存する。原料系と生成系の物質が持つ生成エネルギーを用いて理論的に計算することが可能である。但し，副反応等が複雑に起きているケースでは理論計算が複雑なため，実験にて測定することになる。なお，小実験の場合には実験設備よりの熱損失率が大きいので，測定データそのものから発熱の絶対値を得るのは難しい。

　プロセス実験の規模が大きくなると発生熱に対する損失熱の割合が小さくなるので，測定による発熱量の把握は実験規模が大きくなるに従い精度が良くなる。

　なお，反応系が複雑の場合でも，"主要な反応"のみを抽出して，生成エネルギーを計算し，発熱量の概略値を把握して置くと，スケールアップ時の発熱動向が予測できる。

　　＜熱化学方程式＞

　「発熱量 Q」＝「原料系の生成エネルギー」−「生成系の生成エネルギー」
　　　　　　＝「(A＋B) の生成エネルギー」−「(C＋D) の生成エネルギー」

　但し，実際の反応系は多くの化学物質が関与するので，理論的には熱化学方程式からの値を参考とするも，実験での発熱量を測定して大略の数値を把握する方法で対応している。

　発熱量を測定する専用機器（Reaction Calorimeter）を利用すると，反

応の時間経過に伴う発熱量が小規模実験でも測定ができる。反応条件
（温度，圧力，撹拌条件等）を変化させての測定も可能である。但し，
Reaction Calorimeter は高価な設備なので使用頻度が少ない企業では，
公的研究機関等（例：産業技術総合研究所）の設備を利用して測定す
ると便利である。

2.6　反応収率の検討

「反応収率」とは反応した原料が目的生成物になる割合である。反応
収率を算定するときに重要なのは，組成分析である。組成変化を把握
するには化学分析，ガスクロ，液クロ，X 線解析などの多くの分析技
術が利用されている。

　　　反応収率η（%）＝目的物 P（wt）÷反応済原料 W（wt）

　副生物の生成量が多いと目的物への転化が減少し収率も低下する。
副生物の生成を抑えるには反応条件の検討が必要である。温度，原材
料，溶剤，触媒等を変化させた実験を行い，最適な条件を選定する。
小試験では多くの実験により，反応条件と反応収率の関係を整理して
置くことは，スケールアップ時の条件設定・コスト計算に役立つ。

　　＜反応収率の検討因子＞

　小試験で高純度の試薬を原料として実験を行う場合は，原料の純度
は気にしないで済むが，実験規模が大きくなると市販原料を用いるの
で，原料純度と不純物組成は収率計算時には考慮する。溶剤や触媒の
使用方法は反応速度だけでなく，反応収率にも影響がある。反応条件
は副反応挙動を決めるので，反応収率には大きく影響する。また，反

応の終了をどの程度の反応率にするかは，収率の確保だけではなく未反応物の回収工程にも影響するので重要である。

2.7　製品の単離・精製

　小試験では，反応後の反応物より目的成分を取り出すのに，蒸留分離，水抽出・溶剤抽出，吸着分離などの方法を用いるが，これらは主にガラス製機器にて行われる。小試験では純度の高い化学物質を得ることが重要で，この段階では回収効率はそれ程重視しなくても良い。

　単離した化学物質の安定性により，"低温保管"や"安定剤添加"等による組成維持を図ることも必要となる。構造解析や物性測定は他部門に依頼するケースも多く，測定までに時間を要することがあるので，組成の継時変化には十分は留意する。特に，爆発性・毒性を有する物質の保管には安全に十分配慮する。

2.8　基本物性の把握

◉2.8.1　組成分析の実施

　生成した物質の組成分析を行い，各物質の生成量を正確に把握する。小試験では数多くの実験を行うので，分析への負荷も大きく，分析体制の確保が重要である。

　組成分析の方法として，化学分析，ガスクロマトグラフ，液クロマトグラフ，質量分析，電気泳動，赤外線吸収法，蛍光 X 線等がある。サンプル性状（ガス，液体，固体，固液混合等）と分析目的より，好ましい分析方法を選定して組成の把握を行う。組成分析にはサンプルの前処理を含め時間がかかり，試験推進の律速となることがある。サンプル数や分析項目の選定には，"労力 vs 効果"に十分配慮し，無駄なデータ収集は避ける。

＜組成分析の手順＞

採取→調整→分離→精製→分析→解析→報告

◎2.8.2 各成分の物性把握

　化学反応により物質の構造が決まり，物質の構造が物性を規定する。化学産業は期待する物性を持つ化学品の生産を行うが，物性は化学品の構造により決まるので，物質の構造を解明することは重要である。

　小試験にて精密な実験を行い，生成物の構造を明確にする。構造が不詳でも物性が良ければ可とすることもあるが，更なる物性改良を必要とするときには，構造が判明していると改善の方向が見出し易くなる。

　＜構造解析の例＞

　①組成分析・構造解析（主鎖，側鎖）

　②平均分子量，分子量分布

　③分子構造（直鎖，分岐，リング，ラセン，多層）

　④微量成分の分布（規則性，ランダム）　等

「分子構造」の主鎖は基本物性を支配し，側鎖は物性に変化を与える。但し，主鎖は複数の分子より構成されることもあるが，側鎖は比較的単純な組成とすることが一般的である。側鎖の組成は物性発現の"隠し財産"として活用できる。

　「分子量」は製品の物理的特性（粘度等）を決めている。「分子構造」は原料組成と触媒が決まれば，反応過程で自然に構築される。「微量成分」が分子内に散在すると物性に影響するので，異物の存在は詳細に確認しておく。

◎2.8.3 目的製品の物性確認

基礎物性として，沸点・融点，比重，粘度等，更に物質特性として，

強度（引張り，せん断等），伸長特性，対候性，耐熱性などを測定し整理する。

　物性測定には各々の測定器が必要であり，また測定技術の熟達も求められる。自グループで測定できる項目と他グループや他社に依頼する項目を整理する。

　＜製品物性の例＞
　①基本物性（融点，沸点，比重，粘度，比熱，屈折率，蒸気圧）
　②化学特性（溶解度，耐熱性，対候性，腐食性）
　③機械特性（せん断強度，引張強度，伸長特性）　等

　「基本物性」を整理するとき，既存の化学品については検索によりデータ収集を行う。また，データが存在しない既存物質や新規物質については，物性測定が必要となる。基本物性については，温度依存性も把握する。

　「化学特性」は共存する化学物質の影響があるため，活用する反応系に適合した測定を自ら行うことが多い。

　「機械特性」は純物質だけでなく，想定する実用配合でのデータ採取も必要である。

2.9　原材料・製品のデータ集積

　プロセス開発の進展に伴い"装置設計"や"物質収支・熱収支"の計算等を行うことになるが，その根拠となる物性データは重要である。収支計算や設計に使用するこれ等のデータは文献調査や小試験段階より集成し始め，見易く整理しておくとその後の大型試験・プロセス計算に役立つ。

◉2.9.1　基礎物性データ集積

実験で直接使用している物質以外でも，今後のプロセス開発に利用

が見込まれる物質（溶剤系，蒸留操作，装置材料，安全確保等）については必要な物性の収集・整理を始める。

化学物質の基礎物性の多くは，化学便覧等に掲載されているが，新規物質などは自ら測定するか，他所へ測定依頼してデータを確保する。必要な情報としては，分子構造，分子量，沸点・融点，分解温度，蒸気圧曲線（温度依存性），燃焼性，爆発性，爆発範囲，毒性，残留性等である。これ等は，今後のプロセス開発や本プラント設計に必須な情報である。

◉ 2.9.2 「データ集」の作成

得られた物性は見やすく整理し，常時活用できるように保管する。以前はファイルに集積していたが，使い易いパソコン等にて整理するのも良い。関係する物質の諸物性は"網羅的"に検索・整理し，主要物質の大略傾向は"頭の中に"記憶しておく。また，今後のプロセス開発に活用し易くするために，プロセス関係データは区分して見易く整理しておく。

　　＜データ区分の例＞
　（1）基本物性　：　化学式，分子量，引火点，発火点，沸点，気化熱
　（2）一般物性　：　蒸気圧曲線（COX 線図），粘度特性（温度依存性）
　（3）安全データ：　爆発範囲，毒性・残留性等

2.10　小試験成果の整理

小試験や情報調査にて得られた知見を基に，プロセス開発時に採用可能な操作条件の範囲を決め，次の大型化する実験装置の選定に備える。

＜小試験成果の整理＞
（1）実現できる「物性範囲」の設定
（2）良好な物性を得る「操作条件範囲」を設定
（3）新規な技術・知見の「知財化」（特許申請）

◉2.10.1 目標物性の検討

開発品の目標物性を可能にする化学品への"要求物性範囲"を設定する。例えば，レンズ用樹脂では"透明性，屈折率等"，また食品容器用なら"成形性，強度等"に求められる物性である。物性の詳細特性はベンチ試験等での市場ニーズ探索を経て決定するので，小試験の段階では大まかで良いが，目標とする物性項目と物性範囲は設定する。

市場が求める物性は，強度，柔軟性，透明性，耐食性などの"実用物性"であり，実験室で直接求める分子量，融点，粘度等の"基本物性"とは異なる。小試験で得られた基本物性から市場ニーズに適応する実用物性を発現させる必要があり，その方法を添加剤の使用等を含めて可能性は検討する。

◉2.10.2 操作条件の検討

良好な"実用物性"を得る反応条件を整理し，データ収集を行う操作範囲を広めに設定する。その操作条件（温度，圧力，混合等）での試験が行える設備を準備して，"反応～精製～分離"の各操作につき，データを採取する。

2.11 小試験のチーム活動

小試験のチームは少人数制であるが，実験だけでなく各種調査等を行うので役割分担だけでなく，相互協力の機能が必要である。

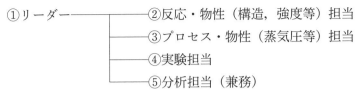

＜小試験の推進体制＞
①リーダー────②反応・物性（構造，強度等）担当
　　　　　　───③プロセス・物性（蒸気圧等）担当
　　　　　　───④実験担当
　　　　　　───⑤分析担当（兼務）

・「リーダー」は，反応担当者が兼務することもできる。
・「反応担当」は，反応だけでなく構造と物性の関係を検討する。更に，実用物性（強度，伸び，耐熱性等）の整理も行う。
・「プロセス担当」は，反応状況（混合状況，粘度変化，発熱等）の把握に加え，蒸気圧等の装置設計に必要なプロセスデータの整理をする。
・「試験担当」は，試験装置の準備や実験を担当する（必要により人数を確保）。
・「分析担当」は，反応系の組成分析や物性評価を受け持つ。

　チームは定期的に「小試験検討会」を開催して，実験データの結果や課題の進捗状況を検討して今後の方針を議論する。開催頻度は週一回程度とし，参加者は担当分野の“整理したデータ”及び“調査事項”を持ち寄る。

2.12　特許の申請

　小試験段階では多くのでデータを採取し，目標性能を得る「反応条件」と達成可能な「製品物性」を選定する。選定した反応条件と期待する製品物性は，好ましくは特許申請し，知財権を確保する。
　反応条件としては，原料物質，溶剤，触媒性能，効率濃度，反応温度，混合条件等を整理して特許申請をする。また，好ましい製品の物性範囲も申請項目に記載することもある。

＜コラム＞『プロセス開発では実験技術も重要だ！』

　プロセス開発と聞くと「データ解析と理論計算」などの“頭の作業”を思い描く人が多いと思うが，実際には良好な「実験結果」を得るための“手足の作業”も大変重要である。

　プロセス計算は「事実データの解析」が前提なので，実験データの精度はプロセス開発の精度に大きく影響する。不器用な筆者が行った小試験データはバラツキが大きく，反応速度の温度依存性を把握するのに数多くのデータの採取が必要であった。

　実験技術に優れた小林研究員の参加を得て小試験を行ったことがある。彼は“見た目も使い勝手も”優れた試験設備（ガラス機器主体）を組み立てた。実験も丁寧でバラツキが少ないデータ採取を行い，筆者の半分程度のデータ数でも精度の良い「相関曲線」の作製が可能であった。小試験では，温度や流量の“自動制御”は採用しない。彼の実験方法を見ていると，温度コントロールはバルブを手動で“直感による予測制御”を行い，注意力を総動員しての手作業操作であった。

　単位操作の機種検討のため，機器メーカーや国公立研究所に彼と出向いて試験を行った。不慣れな試験機も容易に運転し，素早くデータを採取するので，研究所の所員も感心していた。また，彼と実験装置の操作方法とデータのバラツキの関係を議論している過程で，単位操作用機器の改善を発想したこともあった。

　プロセス開発の実験ではデータの「精度と採取速さ」が重要であり，実験技術の良し悪しが技術開発の良否とスピードに影響する。プロセス開発でも「実験技術」は非常に重要だ！

第 **3** 章

ベンチ試験
−単位操作の技術確立−

3.1 ベンチ試験の設備と運転

3.2 基本物性の解析

3.3 製品化時の物性確認

3.4 副生物への対応

3.5 市場ニーズの把握

3.6 実用配合の検討

3.7 単位操作の選定

基礎研究として，小試験（ビーカースケール試験）にて多くのデータを採取し，反応解析を行った。次の段階では使用する装置を大きくし，「反応条件と製品物性」の関係，反応に適した「装置の検討」，更に限定ユーザーへの「サンプル供試」による市場ニーズ調査のためにベンチスケール試験へ移行する。ベンチ試験の役割は「市場ニーズの把握」と共に，「各単位操作の概略設定」することであり，その結果によりプロセス開発を更に進めるか否かの判断を行う。ベンチ試験にて良好な将来展望が得られれば，本プラント・事業化への可能性が大きくなるので，重要な技術開発段階となる。

　＜ベンチ試験での達成課題＞

(1) 小試験の結果により選定した「操作条件と製品物性」の関係を，ベンチ試験にて再検討し修正する。また，十分なサンプル量を活用して製品物性を幅広く測定し，有望な「操作条件と物性の範囲」を更に絞り込む。

(2) 反応より得られる生成品の物性が，単品のままでは不十分な場合には，他の化学品を添加して「市場ニーズに即した物性」への改善を図る。

(3) プロセスの全体構成より必要とされる各単位操作を設定する。単位操作の繋がりをブロック線図にて描き，プロセスの全体像を明確にする。更に物質収支・熱収支の概略計算を行う。また，「製品収率の把握」と共に「副生物処理」の課題も検討する。

図3-1　簡易ブロックフロー線図（例）

(4) プロセスを構成する各単位操作については，「機器の形式・仕様」を外部の知識・情報も活用して，採用可能な機種を複数選定する。

(5) 製造したサンプルを特定ユーザーに配布して市場の要望を把握

し，将来性のある「製品物性」と「目標コスト」の大枠を設定する。

3.1　ベンチ試験の設備と運転

◉3.1.1　ベンチ試験の設備準備

ベンチ試験では「物性解析」や「市場ニーズ調査」を行うために，ある程度のサンプル量（数百 g〜数 Kg）を確保する。最も重要な反応器は“数十〜数百リットル”の容量が必要であり，一般的には金属製を採用する。また，「物性の正確な把握」を行うため，生成物を高度に分離・精製（蒸留，吸着等）する機能を確保する。

＜ベンチ試験の必要装置＞
①原料貯槽→②供給量測定機器→③反応器→④精製・分離装置→⑤生成品貯槽

ビーカー試験（小試験）でのデータに基づいて，反応・分離・精製等に必要とされる機能と容量を考慮して，ベンチ試験の各装置を選定する。機器仕様やプロセス構成は次のパイロットプラント段階で詳細に検討をするので，ベンチ試験の装置形状はそれほど厳密に詰める必要は無い。単位操作では多く性能試験を行うので，幅広くデータが採取できる設備とする。また，サンプリングを頻繁に行うので，サンプリング操作のし易い方法を工夫する。

◉3.1.2　ベンチ試験の推進体制

ベンチ試験では原材料や生成品の扱い量が多くなるので，安全かつスピーディーに実験を行うには複数の作業員の確保が望まれる。また，「組成分析要員」や「物性測定要員」を確保して専門的な見解が得られると，レベルの高い反応解析や物性改善が可能となる。実験条件

を解析する「プロセス要員」，試験設備の保守・改善を行う「設備要員」，市場情報をもたらす「営業担当」等の多くの関係者が参加するので，プロセス開発チームを編成し，意見・情報の交換会を定期的に開催する。

<ベンチ試験の推進体制>

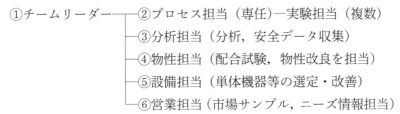

①チームリーダー──②プロセス担当（専任）─実験担当（複数）
　　　　　　　　　├③分析担当（分析，安全データ収集）
　　　　　　　　　├④物性担当（配合試験，物性改良を担当）
　　　　　　　　　├⑤設備担当（単体機器等の選定・改善）
　　　　　　　　　└⑥営業担当（市場サンプル，ニーズ情報担当）

「チームリーダー」はベンチ試験の段階では，プロセス担当者や物性担当者が兼務することが多いが，上位の専任者を置くと他部門との情報交換がし易くなる。

「プロセス担当」は試験結果を検討して積極的に問題提起を行い，技術開発を効率的・計画的に推進する。

「分析担当」は取り扱う物質の組成・構造分析だけでなく，物質が持つ毒性や爆発性等のデータ収集を行うとチーム全体の活力が増す。

「物性担当」は単品の物性評価に加え，各種配合品の添加による市場ニーズに対応する物性改良も担当する。

「設備担当」はベンチ試験設備の準備・維持だけでなく，単位操作に適する各種機器の探索や改良も行う。

「営業担当」は限定ユーザーへのサンプル配布と顧客の要望整理を実施する。

なお，ベンチ試験の段階では，プロセス担当以外の担当者は兼務でも支障はない。

3.2　基本物性の解析

◉ 3.2.1　反応条件と主要物性の関係

　スケールアップしたベンチ試験では，小試験にて選定した「標準反応」が反応器の大きさや形状の変化によりどの様な影響あるかを確認して修正を行う。反応系では，原料・触媒・溶剤などの組成や濃度を変化させたときに「原料組成と成品物性の関係」がどのように変わるかを把握する。

　反応系の組成変化に伴う「生成物の物性変化」や「副生物の状況」も詳細に調べる。①「反応系の操作条件」の検討は，原料仕込み比，触媒組成・量，温度・圧力の反応条件や溶剤種等を変化させる。②「原材料の供給方法」（一括，分添）の違いによる物性への影響を把握し，③「装置の規模や形状」の差が反応や物性に与える影響を整理し，更なるスケールアップへのデータにする。④「原料組成と生成品物性」の相関データは十分なサンプル量を活用して詳細に整理し，将来，目標とする物性が設定されたときに，対応する反応条件の選定にこのデータを活用する。

　<反応条件による物性への影響確認>

（1）ベンチ試験にて，小試験で設定した「反応条件と物性の相関」を確認する。

（2）「反応装置の規模・仕様の変化」が，反応操作での撹拌・混合，発熱・除熱等に与える効果を確認し，「物性への影響」を把握する。

（3）十分な量のベンチサンプルを用いて，精度よく「各種物性を測定・整理」し，将来の物性改善要求に備える。

　ポリマーのプロセス開発を例にすると，ポリマーの物性は重合反応

により得られる分子量により概要が決まる。重合反応にて反応条件を変え，生成する重合物の分子量の動向を把握する。一般に，重合反応では反応温度を高くすると反応速度は速くなるが，重合品の分子量は低下する。

次に各分子量における基本物性を測定し，好ましい物性を与える目標分子量を決める。目標分子量を設定したら，その分子量を達成する反応条件を蓄積データより選定する。通常は分子量分布が存在するが，とりあえず平均分子量にて作業を進める。

＜ポリマープロセスでの反応条件選定（例）＞

各種反応条件試験→分子量の測定→物性の測定→目標物性と比較

反応条件変更

◉3.2.2 操作因子の検討

原料組成を含む反応系の操作条件を設定し，各因子が及ぼす"生成品物性への影響"，"反応系の安定性・操作性"，"収率・コストへの影響"等を検討する。これ等の結果を踏まえて，「最適反応条件」を設定する。

最適条件の操作因子として，「温度，圧力，反応時間，混合条件，冷却・加熱方式等」がある。最適な操作条件の選定ができたら，その条件を達成するための「反応装置の形式」を検討する。反応装置の種類は目的別に数多く存在するので，とりあえず複数の候補を選定する。

＜操作因子の検討例＞

「反応温度」を高くすると一般的には反応速度が増し生産性は良くなるが，製品物のバラツキを生ずることがあるので，温度制御が容易な範囲にて設定すると良い。

「反応圧力」は反応を減圧・加圧状態で実施するか，沸点状態にて行うかをまず検討する。沸点操作の場合は気相部の蒸気を取り出し，熱交換器にて冷却・液化して反応系内へ戻す"リフラックス冷却"を除

熱に活用することも可能である。通常は沸騰を抑える圧力条件を設定
し，操作の安定を図ることが多い。

「反応時間」は目標の反応率を得る時間として設定する。反応時間を
長くすると反応率は高まるが，反応の進展に伴い反応速度が急速に遅
くなることがある。未反応物質のリサイクル処理の負荷も考えて，全
体として効率の良い反応時間を設定する。

「混合条件」は反応器内の混合の均一度を目安に選定する。分子と分
子の出会いにより反応は生ずるので，反応器の混合機能は大変重要で
ある。混合には反応器内の流動均一性（マクロ混合）を重視する場合
と反応場の分子オーダー混合（ミクロ混合）を目的とする場合とがあ
る。"マクロ混合"，"ミクロ混合"，"両混合の組み合わせ"のうち，ど
の混合様式が適正かを考えて，「反応器形式」や「撹拌翼形状」の選定
を行う。

反応温度と反応時間の選定により反応率は自由に設定できるが，反
応率により製品構造（例；分子量や分子量分布）も変化し物性に影響
するので，目標物性の達成状況を確認しながら操作条件の検討を行
う。

◉3.2.3　反応系の安定性・操作性の検討

反応系の安定した操作性を確保するには，「反応条件の検討」と「反
応器の選定」が重要である。生産性を高めるには，反応温度や触媒量
を"速い反応速度の条件"に設定することも可能であるが，反応を過
激にし過ぎると安定した製品物性の確保が難しくなる。多くの実験
データを整理し，安定した反応が可能な反応条件を選定する。

また，"徐熱能力"が不十分な反応装置では，反応温度の制御が困難
となり反応の進行が十分コントロールできず製品物性が安定しない。
設定した反応条件に見合う除熱能力を確保するため，複数の反応装置
を検討して好ましいものを選定する。

選定する反応系や反応器により「反応解析の手法」にも工夫がいる。

反応系がガス相，液相，固相のどれかにより，反応器の選定や反応速度の解析において違いがでる。生じている現象を十分把握するためには反応工程の観察と解析が重要である。

・ガス相反応　　：　ガス混合，分子拡散の状況
・液相反応　　　：　撹拌と混合速度
・ガス・固反応　：　ガスと固体の接触，固体の対流時間分布

　一般的にガス相における反応は反応速度が速く，反応制御や温度コントロールが難しい。

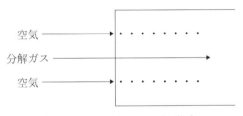

空気 ——→
分解ガス ——→
空気 ——→

図3-2　ガスの分解反応（例）

　図3-2に示す「ガス分解反応」では，除熱機能の確保は特に難しい。一般的には系内温度は燃焼用空気の供給量で制御し，過剰空気量を増減させて温度を上げ下げする。また，火炎の長さ（分解時間）のコントロールは火炎の側を流れる空気の流速で行う。長い火炎（緩慢分解）を得るには空気の流速を遅くし，火炎表面を層流状態にする。空気流速を上げ，強制乱流火炎にすると反応が加速され火炎は短くなる。

　＜ガス分解装置の選定手順（例）＞
　①必要ガス量を設定。燃焼発熱量を概算。
　②理論空気量を計算し，燃焼後の上昇温度を推算。
　③ガスの噴出ノズル口径選定。ガスの吐出圧力範囲を設定。
　④空気の噴出ノズル口径選定。空気の吐出圧力範囲を想定。
　⑤燃焼試験にて，空気量を変化させ，希望の出口ガス温度を確保。
　⑥空気のノズル口径と吐出圧を操作して，希望の火炎長さを選定。

反応系が異なっても，反応における「物質の流動状況」を把握することで，反応を制御する方法が見出せる。

◉3.2.4　反応生成物の物性評価

安定した反応場の設定と良好な生成物の物性が得られたら，次は物性制御方法の検討へと進む。

多様な物性評価が必要なポリマー製造を例にとる。ポリマーの特性評価としては，「化学特性」と「物理特性」とがある。化学特性としては平均分子量，分子量分布，分子構造（含，側鎖）等があり，物理特性としては粘度，耐熱性，耐摩耗性，耐候性，耐薬品性，引張り強度等と多岐にわたる。これ等の特性は個別に精度良く測定し，整理しておくことが重要である。

＜単品物性の評価項目（例）＞
①化学特性　：　平均分子量，分子量分布，分子構造（主鎖，側鎖）
　　　　　　　　等
②物理特性　：　材料強度，粘度，耐熱性，耐摩耗性，対候性，耐
　　　　　　　　薬品性　等

化学特性である分子量と物理特性であるポリマー物性の関係の代表例をグラフ化してみる。（例：ポリスチレン）

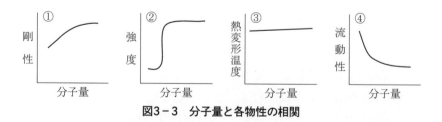

図3−3　分子量と各物性の相関

「ポリマーの剛性」は分子量が大きくなると，やや大きくなる。「材料強度」は分子量がある値を超えると著しく強大する。「熱膨張性」は

分子量に依存せずほぼ一定である。「流動性」は分子量が大きくなると，ポリマー粘度の高まりにより著しく低下する。

これ等の物理的特性は分子構造・分子組成・分子量分布等の化学的な特性に依存している。

付加反応等で化学品の分子構造を変えると生成物の物性は大きく変化する。例えば，市場ニーズに対応するために耐熱性を向上させた例を示す。

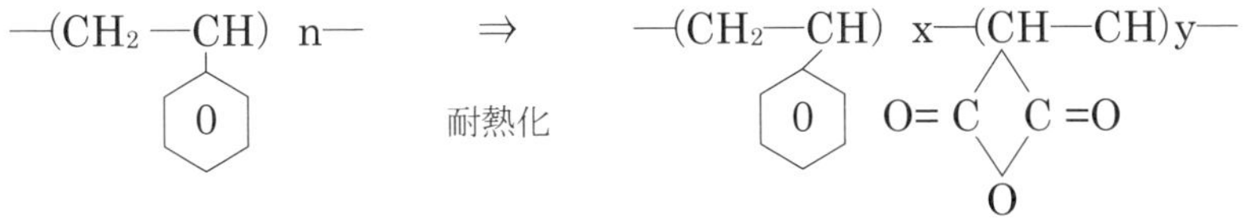

　—(CH₂—CH) n—　　⇒　　—(CH₂—CH) x—(CH—CH)y—

①ポリスチレン　　　　　②スチレン・マレイン酸共重合（耐熱性）

図3-4　分子構造による耐熱性の変化

通常のポリスチレン（①）に比べ，スチレンと無水マレイン酸の共重合ポリマー（②）は著しく耐熱性が向上する。これは側鎖に入ったマレイン酸基が主鎖の熱回転を抑制するため温度が高くなっても，主鎖の回転・振動運動がそれ程高まらないために主鎖の切断が起こり難くなるからである。

物性は基本的には分子構造により規定されるので，分子構造は可能な限り解明する。構造を明確にし「構造と物性の関係」を把握できていると，市場からの要望に対応する製品の物性改良方法の選定がし易くなる。分子構造の解析には，分子振動のスペクトル解析や電子顕微鏡での構造観察等が行われる。分子構造の解明には知識と経験のある専門家の寄与が望まれる。プロセス開発は化学工学的な技術だけでなく，構造解析，物性解析，設備担当等の多くの専門技術を総合して完成される。

3.3　製品化時の物性確認

　単品物性そのままでは実用性能が不十分な場合には，添加剤等を加えて物性を改善する。添加する配合剤と混合方法は実験を通して，配合後の製品物性を吟味しながら選定する。

◉3.3.1　添加剤の選定

　単品に添加剤を加えた配合品の物性改良を検討する場合は，市場ニーズを最優先にして配合材の選定を行う。

＜添加剤の選定手順＞

①「改良する物性」の優先順位設定

②「添加剤を複数選定」して，物性改良の効果確認

③「添加実験」をして改善度や他の物性（含，有害性）への影響を含めデータを整理

④「添加剤と添加量」の適正範囲を設定（最終設定は次の実験段階にて）

　反応にて生成する単品の物性改良には，改良すべき物性の優先順位をまず設定する（例えば，強度，伸び，成形性など）。それを受けて改善方法を選定し，実験をして実証する。添加剤の選定時の留意点は，目的物性の改善度と共に，他の物性への影響度をチェックすることである。総合的な物性バランスをみて，添加剤・改質剤を選定する。複数の添加剤・改質剤を組み合わせて使用する場合もある。また使用量は物性の改善度とコストを考慮して決めることになる。ベンチ試験では，添加剤の種類と量のデータを把握しておく。更なる検討はパイロットプラント試験での市場サンプル調査を踏まえて決める。

　ポリマーに添加剤を加えたときの物性変化の例を見てみる。①一般的に添加剤は母体ポリマーより分子量が小さいことが多いため，添加

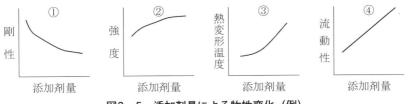

図3-5　添加剤量による物性変化（例）

剤量を増すと剛性は低下する。②高強度のポリマー等を選定して適切
な量を添加すると，全体の強度を上げることが可能である。③耐熱性
の高い物質を添加剤として添加して熱変形温度が上がる場合には，添
加量と変化温度の傾向をデータとして採取する。④分子量の小さい潤
滑剤を添加剤として加えるとポリマーの流動性は向上する。

● 3.3.2　実用物性の確立

　物性の改良に有効な添加剤が選定されたら，市場ニーズに適合する
使用量や混合方法を検討する。

　ポリマー製品では製品強度の確保に加え，耐熱性，対候性，着色性，
成形性等の物性改良が市場より要求されることが多い。各々の物性に
つき評価方法を検討し，評価設備を準備する。評価項目によっては経
験者の助力を得て実施する必要となる。

　＜物性への要望（例）＞
①耐熱性　：　電子レンジ，高温使用容器，自動車パネル
②耐候性　：　屋外装置，自動車外装，配管
③着色性　：　家具，おもちゃ，各種容器
④成形性　：　食器，球形容器（がちゃんこ），CD ケース

　機能性ポリマーの新規開発を検討するときには，市場等に出回って
いる既存ポリマーとの物性比較をして開発ポリマーの特色を明確にす
る。物性の特徴がわかれば，市場に参入の可能が判断できる。また，
どの物性を改善すれば更なる市場展開が可能かも見えてくる。スチレ

表3－1　競合素材と開発品の物性比較

物性/ポリマー	スチレン（GPPS）	PVC	PET	スチレン系共重合樹脂*
外観，透明性	◎	○～◎	◎	○
比重	△～○	△	△	○
収縮仕上り性	－	○	△	◎
耐自然収縮性	○	○	○	△
ミシン目切れ性	－	○	△	○
耐溶剤性	△	○	○	×
食品衛生面	○	×	○	○

（＊）スチレン～ブタジエンの特殊共重合ポリマー（開発品）

ン系の共重合ポリマーを開発した際，既存のポリマー（GPPS，PVC，PET）との物性比較を行ったので例示する。

　開発したスチレン～ブタジエンの特殊共重合品は，既存ポリマーと比較して"収縮性"に優れ，また"比重"が小いさため既存ポリマーとの比重分離が容易である。印刷性が良好な本ポリマーはフィルム化して，PETボトルの外面包装に使用されている。PETボトルを外装材ごと粉砕し水中で比重分離することで，PET樹脂のみが容易に回収できる。このスチレン～ブタジエン共重合樹脂を使用することにより，日本におけるPETボトルの回収利用率は80～90％と抜きんでて世界一の高さとなっている。特徴のある新規物質とその生産プロセスの開発はユーザーのニーズ情報を踏まえて行うと素早い市場展開が図れる。

3.4　副生物への対応

　副反応により生成する副生物は目的とする製品からの除去が必要となるが，「除去設備」の検討はベンチ試験の段階より始める。また，除去した副生物の処理方法も調査しておく必要があり，「再利用，焼却，

社外処理」より選定する。また，廃棄された副生物が"公害"を招く場合も多々あるので，処理方法は最終段階まで担当者が責任を持って検討する。

副生物の処理を容易にする目的でプロセスの改善を行う場合がある。副生物の発生個所，発生量，有害性，分離容易性等の情報を整理して対応策を立てる。ベンチ試験段階では副生物の処理方法の方向性を決めるが，具体案は複数残していても良い。

ベンチ試験では，生成する副生物を利用して，副生物の精製過程，物性，処理方法につき，現物でのサンプル試験を行う。

＜ベンチ試験段階での副生物対応＞
①副生物の発生状況の把握（発生源，発生量）
②副生物の特性把握（有害性，分離性）
③副生物の分離去の検討（分離方法，分離装置の概要）
④副生物の処理（有効利用，社内処理，外部処理）

◉3.4.1 副生物・不純物の定量的把握

反応工程等では目的物資以外に多くの物質が生成してくる。例えば，反応系で生成される副反応物質，原材料の不純物，複合反応によりできる各種物質，蒸留塔などで生成するスケール等がある。各副生物・不純物の発生個所を特定すると共に発生条件と発生量も定量的に把握する。反応系の出口品は精製・分離され，製品，再利用，廃棄へと区分される。

原料→反応器→反応製品→**分離・精製**→単品製品→複合化→**製品**
           ↓ ↓
└─(再利用)← 再生← 未反応 副生物・不純物→利用・売却・廃棄

◉3.4.2 副生物の特性把握

「副生物や廃棄物の処理工程」においては，「安全・環境」に十分配

慮すること。溶剤等を回収して再利用するケースで，除去しにくい微量の不純物がリサイクルされ，循環使用する過程で不純物濃度が高まり，反応や製品物性に悪影響を及ぼすことがある。溶剤等を循環使用するときは，十分な精製を行い不純物の蓄積を防ぐこと。

　副生物を廃棄する場合はその危険性を検討する。廃棄物は貯蔵方法によっては分解・発火を引き起こすことがある。また，廃棄物を処理業者への移管後にも，漏洩や着火のトラブルを生じることが多々ある。廃棄物移管先にも危険性を十分理解させ，安全な取扱い方法を共に確立することが重要である。

　　＜廃棄物の事故例＞
　①廃棄物保管倉庫　：　廃棄物中の未反応物質が徐々に反応し昇温・発火
　②廃棄物置場　　　：　廃棄物置場近辺にて火器使用し爆発を誘導
　③処理業者の事故　：　危険性を業者に伝達せず，処理作業中に引火・爆発発生
　④移送中の事故　　：　有害廃棄物の移送中に漏洩し，道路周辺の環境を汚染

　廃棄物による事故の例である。①製造工程にて生じた"廃液"の貯蔵中に，夏期の高温時にタンクが爆発を起こした。また，②製薬工場で"配管"をアセチレン溶断中，近隣の廃液に引火し爆発。更に，③産廃処理場にて"保管"させていたスプレー缶が外力にて破損し，着火した事故もある。④危険な廃棄物をドラム缶にて"移送中"に漏れが発生し，環境汚染を起こした。とにかく，廃棄物の特性を把握していない外部機関に，処理を全面的に任せるのは大変危険である。

　副生物・廃棄物の発火性・毒性・残留性等の知識・情報は"プロセス開発担当"が整理し，関係者に周知徹底する責任がある。

3.5　市場ニーズの把握

　ベンチ試験の段階でも，開発中のプロセスで生産される「製品の市場価値」を調査する必要がある。ベンチ試験設備で得られるサンプル量は市場対応用としては多くないので，限定した"顧客"に対し自社営業部門を通して性能評価を依頼する。客先で得られた評価結果については，研究担当者も参加して質疑応答に加わると，顧客の要望が直接把握でき改善すべき課題が明確となる。

　顧客からの改善要求は，基本物性に加え，価格，加工性など多岐にわたる。例えば，製品化時の加工性改善は顧客の担当者と直接討議し，可能なら実際の加工作業を見せてもらうと良い。

表3-2　物性改良要求への対応（例）

評価項目	既存製品 （スチレン系）	比較ポリマー （オレフィン系）	新規開発品* （スチレン系）
軟質性（A硬度）	70〜90	50〜95	60〜85
脆化温度	−50℃	−50℃	−25℃
耐傷付き性	○	△	◎
耐摩耗性	△	△	○
耐油性	△	○	○
熱分解温度	300℃	317℃	368℃
＜参考＞	基準物性	参考物性	改良物性

（＊）スチレン〜アクリル系の共重合ポリマー

　顧客より既存製品（例，オレフィン系ポリマー）の物性を基準に，耐傷付性（○→◎）と熱分解温度（300℃→350℃以上）の改善要求があり，ポリマーの組成と構造まで遡って製品開発を行い，目的の物性向上を達成した。顧客からの要望は市場ニーズを反映しており，新製品開発への方向付けとなるので事業展開には大変貴重である。顧客対

応で「原料組成の変更」や大幅な「操作条件の変更」は，できるだけ
ベンチ試験の段階で完了しておく。

3.6　実用配合の検討

　市場ニーズが大略把握できたら，製品としての実用性の改善を検討
する。基本的な物性改善が必要な場合は，反応系の検討まで戻り分子
構造の変更を図ることもある。但し，多くの場合は配合品や改質剤の
検討にて対応する。

　＜物性改良剤の検討＞

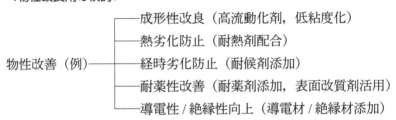

　成形性の改善には流動効果を高める改質剤の添加を検討するが，添
加剤を添加すると一般物性が低下するので，注意深く添加量と一般物
性の変化を観察しながら改質剤の選定を行う。
　屋外で使用する材料では，太陽光からの紫外線や雨水による加水分
解による劣化を防止するために，フェノール系やアミン系の添加剤を
使用して耐候性を強化する。

3.7　単位操作の選定

　ベンチ試験では主要な単位操作につき，採用可能な複数の機器とそ
の操作条件を検討する。ベンチ試験の最終段階では，主要機器の機種
及び操作条件を設定する。また，簡易で良いが，「主要設備につき物質
収支や熱収支」を試算してみる。この種のデータは「パイロットプラ

ントの設計」に活用する。

　主要機器を選定するときには，"機器メーカーを往訪"して関連情報を収集する。既存機器への改善希望があれば，メーカーの専門技術者の知恵を活用すると良い。

◉3.7.1　反応器の選定

　ベンチ試験では反応器の選定が最も重要な課題となる。ポリマー製造プロセスを例にして考えてみる。ポリマーの重合反応は液相で行うケースが多く，溶剤を使用する撹拌機付きの反応器が採用される。反応器の選定は反応形式（回分式，連続式），使用温度・圧力，溶液粘度，除熱量等を考慮して選定する。「各種反応器の特徴と機能」に関心を持ち，調査しておくと良い。

　反応器の形式が持つ特徴を，重合反応の場合を想定して整理した。

- ①缶型　　：　液相反応で一般的に使用される。通常は撹拌機を採用し良好な混合状態を実現させる。
- ②槽型　　：　気液反応での使用例が多い。気体が槽内を気泡状態で上昇し，液相を混合しながら反応を行う。固体触媒を活用する流動層は槽型反応器の応用と言える。
- ③管型　　：　高粘度溶液や高圧反応での使用例あり。横型に設置し内部に混合機能を設けると高粘度系の反応に使用可能である。
- ④多段式　：　塔内に多段棚を設けた反応器。滞留時間分布の調整が可能であり，シャープな重合率分布を得ることができる。

　反応器の形式選定後は，反応器内の混合方式の検討を行う。液相反応器を例にとして具体的なケースを見てみる。液相反応に多く用いられている缶型反応の場合，反応に必要とする「混合の速度や均一度」を可能にする撹拌機を選定する。

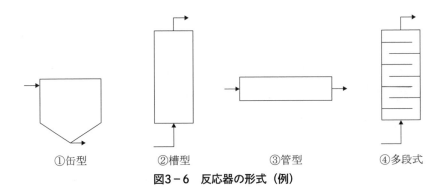

①缶型　　　　②槽型　　　　③管型　　　　④多段式

図3−6　反応器の形式（例）

＜撹拌翼形状と溶液特性（例）＞

①プロペラ　：　低粘度溶液の撹拌
②パドル　　：　槽全体の混合（低〜中粘度）
③タービン　：　混合機能大，剪断力大（中〜高粘度）
④アンカー　：　槽全体の高速混合
⑤後退翼　　：　低剪断力，剪断に弱い反応系に適

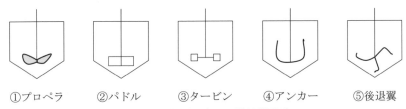

①プロペラ　　②パドル　　③タービン　　④アンカー　　⑤後退翼

図3−7　缶型反応器の撹拌機形式

　反応は発熱反応が多いので，反応時の温度を安定に保つには，十分な除熱能力が必要となる。「溶液の粘度」，必要な「除熱量」，許容される「反応器内温度分布」などを把握する。除熱能力の確保には各種の方式・工夫があるので，データに基づいて選定する。また加熱操作には熱媒加熱やスチーム加熱等の方式が使用されている。

　缶型反応器を例にとり，一般的に使用されている各種の「除熱方式」を説明する。

①ジャケット　②多缶式　③内筒＋循環　④外部循環式　⑥リフラックス式
（除熱能力少）（除熱能力中）（除熱能力中）　（除熱能力大）　（除熱能力大）

図3−8　缶型反応器の冷却方法（例）

①ジャケット式　　：　反応缶外側に設けたジャケットに冷却水を
　　　　　　　　　　　流す。低温反応の場合にはブライン冷却を
　　　　　　　　　　　採用。また温水・熱媒やスチームによる加
　　　　　　　　　　　熱も可能である。

②多　缶　式　　　：　反応缶内に管を多数設置して電熱面積を増
　　　　　　　　　　　やし，冷却水・ブラインを流して比較的大
　　　　　　　　　　　きな除熱操作に活用する。

③内筒式＋循環流　：　反応缶内に円筒と撹拌機能を設け，缶内全
　　　　　　　　　　　体の液循環を確保し反応液の温度均質化を
　　　　　　　　　　　図る。冷却能力の強化もできる。

④外部循環式　　　：　反応液を反応缶外へ取り出し，外部にて冷
　　　　　　　　　　　却し缶内へ戻す。満液型反応にも採用可能
　　　　　　　　　　　である。外部熱交換器の容量により大きな
　　　　　　　　　　　冷却能力が確保できる。

⑤リフラックス式　：　反応缶の気相部を缶外に取り出し，外部熱
　　　　　　　　　　　交換器にて冷却・凝縮して戻す。冷却能力
　　　　　　　　　　　も大きく沸点重合には好適である。

　除熱方法の選定と共に冷却用の「冷媒」の検討も行う。冷媒は一般
的には冷却水を使用するが，反応温度が高い場合は温熱水を用い，反
応温度が低温の場合にはブラインを採用する。

＜温度コントロール用の媒体＞

①ブライン　：　低温域の温度制御（10℃～マイナス温度）

②冷却水　　：　中温度域の制御（10～70℃程度の温度制御）

③温熱水　　：　高温域の温度制御（50～100℃前後の冷却・加熱）

④スチーム　：　高温域での加熱制御（吸熱反応等にも対応）

◉ 3.7.2　濃縮・単離・精製の方式検討

　製品が液体の場合は，蒸留にて製品の濃縮・精製を行う。精製の度合が低くても良い場合は，単純炊き上げの"単蒸留"を採用するが，通常は還流を伴う蒸留塔を活用する。"モノマー"や"液体製品"の製造では，蒸留，相分離，吸着，イオン交換等を活用して，製品の高度な精製を行う。

　製品が固体（含，ポリマー）の場合はまず反応液を濃縮し，その後製品を単離する。濃縮には，缶内での減圧濃縮や移動過程でのフラッシュ濃縮法等がある。缶内減圧脱気は製薬等の製品量が少ない場合に採用される。多量の溶液を濃縮するには，液を低圧の缶・槽へフラッシュ送入して溶剤を蒸発させる方法もある。

　"濃縮溶液"からの**ポリマー単離方法**は，スチームストリッピングや減圧脱気法もあるが，通常は押出機にて溶剤を蒸発し分離する。押出機より線棒状にて押し出されたポリマーは，カッターで切断されペレット状の製品となる。なお，押出機の工程にて，脱気操作と同時に配合剤の添加混合を行うこともある。

①スチームストリッピング　②減圧法脱溶剤　　　③押出機脱気

図3－9　溶液重合液からのポリマー分離法（例）

溶液からのポリマー（固体）を回収する方法の概要は，次のようにまとめられる。

＜濃縮・単離の実施＞　反応溶液→濃縮→精製→単離→製品

①濃縮工程　　：　減圧濃縮，フラッシュ濃縮

②精製工程　　：　単蒸留，還流蒸留（充填蒸留塔，多段式蒸留塔），

③単離工程　　：　押出機（ポリマー単離，添加剤混合），ドラムドライヤー

● 3.7.3　配合用混合装置の検討

単品として得られた生成品を市場に対応する製品物性に改良する場合には，改質材の添加を行う。選定された配合剤を添加・混合する設備は，生成品と添加剤の組み合わせにより好ましい形式を選定する。

例えば，ポリマーに液体安定剤の添加する場合，撹拌混合機やパイプ型混合器を採用する。混合する液体の粘度差が大きい場合は，十分な混合が可能な機種を選定する。

＜各種混合装置の特性（例）＞

①回分式撹拌型混合機　：　小容量処理（多種類の添加・混合が可能）

②連続式撹拌型混合機　：　大容量処理（少ない配合種に適応）

③パイプ型混合器　　　：　粘度差大の混合系でも対応可能（連続操業）

④押出機型混合機　　　：　精密混合可能（大容量向き，連続操業）

本例は有機系高分子であるが，無機系製品でも同様な考え方で「3.7 単位操作の選定」を実施すれば，適切な機種の選定が可能となる。

------ ＜コラム＞『機械メーカーの見学・実習の経験は有用だった！』 ------

　ベンチ試験での単位操作検討では，「操業条件の意味」と「機器仕様の知識」が必要である。プロセス開発担当者の多くは，化学工学的な知識はあるが，機械の知識が不足である。希望するプロセス条件（温度・圧力，混合・分離，制御等）は全て“機械装置”にて行われる。機械的な知識がないと，目標とする単位操作への「最適な機種」の選定は難しい。チーム内に機械の専門担当者がいても，プロセスの“微妙な要請”は中々理解してもらえない。プロセス担当者が自ら機械的知識を持つ方が手っ取り早い。

　筆者の経験を述べる。学生時代に企業実習を「化工機器」を生産している造船工場で1カ月間行った。担当課題をこなしながら，空き時間には化工機器を製造する工場を頻繁に見学した。何回も見学するうちに，反応器，蒸留塔，タンク類などの製造工程の手順を詳しく知った。鋼材の切断，成形，溶接，組立等を実施するときの工夫と丁寧な作業方法を目の当たりにして大いに感心した。

　化工機器を外面だけでなく内部の詳細構造や製作方法を理解したことは，プロセス開発を行ったときに，希望の単位操作が実現できる機種の選定や改善に大いに役立った。

　化工機メーカーでの試験や「化学プラントショー」での見学・質問により機器の構造や機能の原理が学べるので，積極的に活用することを勧める。

　余談だが，造船会社での実習時に溶接作業に興味を持って見学していると，溶接担当者より『溶接をやってみるか』と言われ試みた。溶接機を使って箱を試作した。見た目の溶接ラインは良好であったが水を入れたら水漏れをした。素人技術のみじめさを実感する経験であった。防水だけでなく，高圧ガスの封入等にはレベルの高い溶接技術が必要であることを理解した。

第4章

パイロットプラント試験
-プロセスの確立-

4.1 パイロットプラントの建設・操業

4.2 単位操作の技術確立とプロセス設計

4.3 材質データ収集

4.4 重要装置の設計（例）

4.5 パイロットプラント推進体制

4.6 パイロットプラントの技術開発計画（例）

パイロットプラントでの試験はプロセス開発の"最終段階"であり，社会に役立つ生産技術を完成させるとの意気込みを持って課題に取り組む。

小試験（ビーカースケール試験）とベンチ試験より得られたデータ，情報，ノウハウ等を総動員して，パイロットプラントの設計，建設，実験，操業を行う（実施体制は後述）。

パイロットプラントでは「各単位操作の性能確認」と「プロセス全体の技術確立」を図りながら，大量サンプルによる「市場開発」を行う。また，パイロットプラントの運転を通して，「操業方法の確立」と「操業要員の教育」を実施する。そして，確認された"技術と市場の情報"に基づき「本プラント設計」へと移行する。

<パイロットプラントの主要課題>　（主要な検討項目）

①各単位操作の性能確認　　：　反応系，分離・精製系が特に重要

②プロセス全体の技術確立　：　物質収支，熱収支の把握がカギ

③大量サンプルによる市場開発：　市場ニーズと市場規模の把握

④本プラント設計　　　　　：　単体機械，輸送，配管，制御システムの設計

⑤操業方法の確立　　　　　：　操作手順とトラブル回避の検討

⑥操業要員の教育　　　　　：　プロセス理解，操業体験，緊急時対応等

パイロットプラントの準備に際し，プロセスの全体像を描き，検討すべき単位操作の内容を明確にする。そのためには想定される生産工程を幾つかのブロックに区分し，プロセスの全体像をブロック線図で表現すると良い。ブロックフロー線図より各単位操作の役割を明確にし，全体像の中で個別操作の意味を理解する。

図4−1　ブロックフロー線図（例）

4.1　パイロットプラントの建設・操業

◉4.1.1　パイロットプラントの建設

　パイロットプラントで解明する課題を整理し，パイロットプラントの設備設計をして建設を行う。パイロットプラントでは本プラントのプロセス全体を想定して各種実験を行う。実験は重要な単位操作に重点を置き，「主要設備の仕様」を細部まで詰めることを優先させる。主要な単位操作（反応，蒸留等）の設備仕様が選定できたら，「その他の機器の仕様」（熱交換器，ポンプ等）を検討する。

　また，「市場開発用サンプル」の生産も行うので，精製設備も準備して不純物の少ない試供品の提供を可能にする。プロセス試験では頻繁にサンプル採取を行うので，各試験に対応する「サンプリングの場所と設備」を確保する必要がある。温度制御，圧力制御，流量制御などの「計装システム」はなるべく本プラントを想定した方式を採用し，パイロットプラントの操業を通して改善していく。

　＜パイロットプラント建設時の留意点＞
（1）「各単位操作の性能目標」と「実証試験方法」
（2）「市場調査用サンプル」の生産機能（含，品質の改良）
（3）各種の試験に対応する「サンプリング設備」の確保

　パイロットプラントを全く新規に建設する場合は，機器調達や設備工事に6〜9カ月の期間を見込む必要がある。

● 4.1.2　パイロットプラントの操業体制

　必要な操業要員を確保し，単位操作の確立と機器仕様を検討するためのデータを収集する。プロセスが連続操業である場合には，操業形態にあわせて交代勤務の体制を準備する。

　＜交代勤務例＞
- ・2〜3日連続操業　：　2直交代勤務（12時間勤務 ×2直 × 数日）
- ・週5日連続操業　：　3直3交代（8時間勤務 ×3直 ×5日，週休2日）
- ・数週間連続操業　：　4直3交代（8時間勤務 ×4直，交代休確保）

　試験操業を順調に継続するには，統率力のある「作業主任」の選定と技術開発に積極的な「設備担当者」の確保が不可欠である。また，技術開発をスピーディーに行うには，「分析担当者」の支援を得て試験結果を迅速に解析し，その結果を次の試験に反映させる。

　＜パイロットプラントの操業体制（例）＞
　研究責任者――主任――操業要員（操業担当）
　　　　　　　　　　　├保全・設計（設備担当，兼務可）
　　　　　　　　　　　└分析・物性（解析担当，兼務可）

　パイロットプラントでの技術検討を効率的に行うには，研究責任者が主導して操業担当，設備担当，解析担当が参加する「技術検討会」を頻繁に行うと良い。議論に多くの知見が反映され，課題の検討が深化し技術開発が促進される。また，参画する各担当者は自分が担当する課題に責任を持ち，"自主的な参加意識"で技術開発を実行していくとチームワークの醸成も図れる。「プロセス担当」と「操業担当」，必要により「設備担当」は，パイロットプラントの現場にて，その日の試験状況を"毎日情報交換"し，翌日の試験への改善課題を整理する

と技術開発が大きく促進される。

　＜日常的な技術検討会の話題＞
　①技術開発の進捗状況（含，市場開発状況）
　②次の試験目的と課題
　③各担当者からの提案（データ解析法，設備改善，品質改良等）

　具体的な例では，技術改善の議論の中で分析担当者から『微量な不純物の生成・蓄積が認められる。その物質を特定した結果，アルカリ洗浄で容易に除去できる』との積極的な提言が出された。これを受け，不純物の挙動確認と製品物性への影響を検討し，必要なプロセス改善が速やかに実施できた。

◉ 4.1.3　パイロットプラント試験の推進

　パイロットプラント試験には多数の課題があり，多くの人の関与が必要。参画する各人に課題を割り振り，「検証する技術内容」と「検討スケジュール」を明確にして，プロセス全体の技術開発を遅滞なく進める。パイロットプラントでの技術検討期間は，技術の規模により差はあるが概ね"0.5 年〜 1.5 年"である。

　小試験やベンチ試験は規模も小さく，関係者も少数なので実験の結果を見ながら次の課題を決めていくが，パイロットプラント試験は課題も多く，多くの人材が参加するので，検討すべき「全体の課題」と個別課題の「検討期間」を想定して計画をたてる。参加者全員が開発技術の全体像とスケジュールを理解してことが重要である。

　各課題の担当者は，技術検討結果を「技術資料」として報告書を提出し，責任を持って担当技術の解明に取り組む。また，各担当者間の連絡会を頻繁に開催すると，自分の担当以外の技術についても情報・知見を得ることができるので，視点の広い技術者の養成にもなる。

4.2 単位操作の技術確立とプロセス設計

プロセス構成と各単位操作の最終的な技術確認を行う場合，定量的な「物質収支」や「熱収支」を計算し，各機器の詳細仕様を検討する。そのためには精度の良い定量的データと製品物性の整理が必要となる。

◉ 4.2.1 単位操作の技術確立（機器仕様，操作条件）

パイロットプラントでは多くのプロセス試験（中試）を行い，一つひとつの単位操作を技術に解明していく。設備ごとに目標とする「品質や収率」の達成が可能かどうかを，「機器仕様，操作性，再現性，操業安定性」等のデータを採取して確認する。実験結果は単位操作ごとにデータ整理をし，機器・プロセスの改善点を関係者が参加して検討する。この技術検討が本プラントの設計・建設の技術基盤となる。

当初選定した機種では必要な性能が実現できない場合，機器を改良して「性能の改善」を図る。それでも性能未達の場合は「機種の変更」を検討する。

各単位操作に「必要な条件」を整理して各機器の仕様を決める。"理想的な機器"が市販されていない場合には，自ら「機器の開発」を行うこともある。なお，市販機器の調査は国内メーカーやエンジニアリング情報だけでなく，「世界的にメーカー情報や技術動向」を日頃から調査・把握しておくことが"トップ技術"の確立には必要である。

場合によっては，「海外に出向いて実験」を行い，最適機器の選定・調達を行うこと。最適な機種を選定するには，機器の持つ機能を"自然法則の原理"に基づいて理解することが大切である。

単位操作の技術確立には単に機器の性能だけでなく，装置の「操作性」や「安全性」の検討も必要であり，検討課題が多いので概要を整理した。

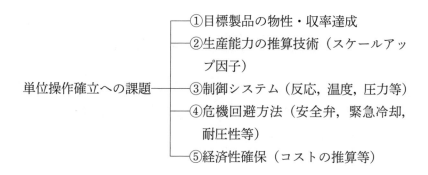

```
                        ┬──①目標製品の物性・収率達成
                        ├──②生産能力の推算技術（スケールアッ
                        │    プ因子）
単位操作確立への課題──┼──③制御システム（反応，温度，圧力等）
                        ├──④危機回避方法（安全弁，緊急冷却，
                        │    耐圧性等）
                        └──⑤経済性確保（コストの推算等）
```

　パイロットプラントによる単位操作の確立には，「製品物性」や「収率向上」を確保する機器仕様の選定だけでなく，「安定した操業方法」も確保する。操業条件の設定には，「温度制御性，爆発領域の回避，副生物の生成抑制，設備の腐食防止等」を検討し，操業の安全性を確保する。また，製造コストの概算を試算してみる。

　物性確認のために多くの試料サンプリングが必要であるが，サンプリングの位置や取出し方向は操作性と安全性を考慮する。サンプリングに作業ミスがあっても作業員に危害が生じない工夫を行う。一般的には，サンプルをノズルより採取する場合にはノズル出口を下向きにし，操作ミスがあっても作業者が噴き出す溶液等を浴びないように工夫する。

　個々の単位操作の技術検討では，本プラントの設備設計に必要なデータを取りきる。特に機器の「大きさと生産能力」の関係は十分詰める。反応工程の「生産能力」は「単位容積当り・単位時間当たりの生産量（wt/vol・time）」で表現しておくと良い。また，各工程の立ち上げやシャットダウン時の"操作手順"は安全を考慮して検討しておく。

　単位操作の基本は物質収支とエネルギー収支である。また，可能ならば運動量収支も検討してみる。プロセス全体を幾つかの単位操作に区分し，各単位操作の"操作条件"と"原材料～反応～生成物～精製"の工程を設定し，「各工程の物質収支」と「エネルギー収支」を計算す

る。

　蒸留塔にて「20％ EtOH を 90％ EtOH に濃縮」する試験にて，EtOH
回収率が 90％時の"簡単な物質収支例"を次に示す。

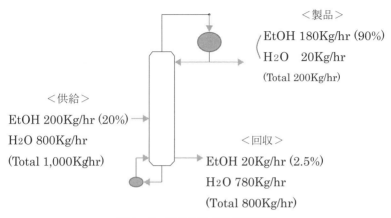

＜製品＞
EtOH 180Kg/hr (90%)
H_2O　20Kg/hr
(Total 200Kg/hr)

＜供給＞
EtOH 200Kg/hr (20%)
H_2O 800Kg/hr
(Total 1,000Kghr)

＜回収＞
EtOH 20Kg/hr (2.5%)
H_2O 780Kg/hr
(Total 800Kg/hr)

図4−2　単位操作の物質収支例

◉ 4.2.2　単位操作検討の具体例

　無機系材料と有機系材料とでは生産プロセスは大きく異なるが，単
位操作を確立する手順は共通する。ここではポリマー製造プロセスを
実例として，機器仕様と操作条件の選定方法を具体的に検討してみ
る。

（1）反応器の選定例

　反応に関わるデータに基づき「反応器形式」を選定し，「反応器仕
様」の設計に入る。まず，反応器での「生産量」を設定し，反応速度
データを用いて，必要な「滞留時間」と「反応器容積」を計算する。

$$目標生産量（wt）＝反応速度（wt/hr・m^3）× 滞留時間（hr）× 体積（m^3）$$

　小試験やベンチ試験の結果は「製品の物性」に主眼を置くために，

　通常は"反応器形式，反応速度，滞留時間"は，複合した操業条件として選定されている場合が多い。

　反応器として「メーカーの規格品」を採用する場合は，製品リストから反応器容量を選び，必要な生産量を確保できる反応時間（滞留時間）を計算する。「反応器の容量」と「滞留時間」を設定すると，原料・ユーティリティーの供給速度も決まる。

　反応器内の温度が均一でない場合には，選定する反応器により「体積当たりの反応量」に差がでる。また，反応器の内部構成・撹拌方式により，反応速度や生産量にズレが生じることがある。反応器の選定には次の項目を検討する。

　＜反応器選定時の検討項目＞
　①反応器の仕様（形状，容量，混合方式，冷却方式等）
　②反応器の操作条件（温度，圧力，原料供給速度，撹拌条件等）
　③反応器の生産能力（実効容量，除熱能力等）

　（２）反応系の温度操作

　反応器の形式を選定したら，次は温度コントロールの方式を検討する。溶剤中にて重合反応を行う溶液重合の反応器の場合では，反応する分子の撹拌による混合状態の均一性が第一の選定要件となる。安定した反応を確保するには，反応熱の除去方式の選定も重要な課題である。

　＜反応器の除熱方法例＞
　①ジャケット冷却　　　：　反応缶の壁面よりジャケット内冷却液へ反応熱除去
　②パイプ冷却　　　　　：　冷却液を通すパイプを多数設置して冷却強化
　③リフラックス冷却　：　気相部ガスを外部熱交換器にて冷却・凝縮し液を戻す。
　④外部循環冷却　　　　：　液相からの液を外部熱交換器にて冷却し液を戻す。

　ジャケット冷却は反応器で広く採用されている冷却方式である。ジャケットに熱媒体を通し，熱は反応缶の壁面経由で除去される。熱媒体として，冷却水が一般的であるが，極低温反応ではブライン（冷媒）を使用し，高温反応では温水や油を用いる。

　パイプ冷却を反応缶内に多数挿入して冷却面積大きくし，冷媒を通し冷却の強化を図る方式である。但し，パイプの本数増と缶内の混合確保との両立を工夫する必要がある。

　リフラックス冷却は多量の除熱が必要な場合に，気層部のガス（未反応モノマー，溶剤）を反応缶より抜出し，外部熱交換器にて冷却・凝縮させて反応缶に戻す方法である。

　外部循環冷却は反応液を反応缶より取り出して外部熱交換器にて冷却し，冷えた反応液を反応缶に戻す方式であり，操作性が良いのでよく利用されている。

（3）反応系の温度制御方法

　反応熱の「除熱方式」を選定するときには，望ましい反応温度範囲の維持を図るため，「温度の制御方式」も同時に決める。温度制御の一般的な方法を**図4－3**に示す。反応缶内の温度を熱電対などで測定し，好ましい温度範囲になるように冷却水の流量をバブルの開度を変化さて除熱能力を制御し温度のコントロール（TIC）を行う。

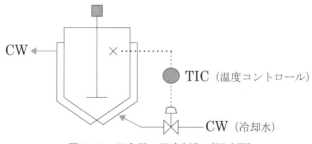

図4－3　反応器の温度制御（概略図）

（4）反応システムの選択

　反応溶液が"低粘度"の場合は，通常の撹拌混合槽で安定した重合反応の確保は可能だが，溶液が"高粘度"の場合には缶内の流動確保ができる反応器を選定する。

　反応系も反応条件によっては，一缶でなく「複数の反応缶」を使用する。反応の進行により反応溶液の粘度が大きく変わるケースでは，低粘度反応域と高粘度反応域に区分して反応器を採用すると反応制御が容易になる。

　例えば，高重合率を指向する場合には溶液粘度は反応と共に順次高くなるので，反応は何段かに分けて行うと良い。この場合，各段の反応缶は安定操業が可能なものを「除熱能力」や「混合性能」より選定する。

　反応器の使用方法はバッチ反応と連続反応とがある。一つの反応器で数種類の製品を生産する場合には，バッチ（回分式）反応が採用される。一缶にて反応条件の変更や異なる添加剤の使用が可能であるからである。製薬企業では重要な反応操作である。

　有機・無機を問わず，安定した大量生産には，連続反応を採用する。少人数での操作が可能で生産性が高い。

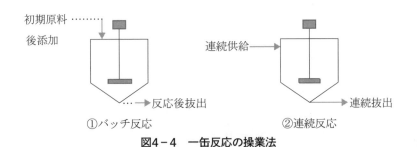

図4-4　一缶反応の操業法

（5）連続反応の活用

　バッチ反応では反応中でも操作条件が変更できるため，幅広い化学品の生産に対応できるが，操業に人手がかかる。生産性を高めるには

反応条件を一定にした操業が可能な連続操作を採用する。但し，連続操作では各装置の操業条件は一定にする。

　連続操作にて「複雑な反応」を行うには，複数の反応器を用いる。一つの反応器には一つの操作条件を設定し，複数の反応器を接続して複雑な反応を実現する。

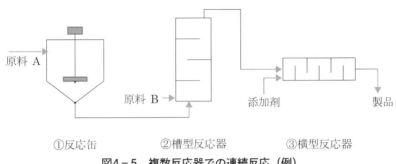

①反応缶　　　　　　②槽型反応器　　　　　③横型反応器

図4−5　複数反応器での連続反応（例）

　図4−5に三種類の反応器を用いて多様な反応を可能にし，連続操作法にて機能性ポリマーの生産を実現した例を示した。第一の反応缶にてポリマーの基本構造を決める重合を行い，第二の槽型反応器にて機能性（耐候性，耐熱性，耐薬品性等）を持つ側鎖の付加反応を行い，第三の横型反応器にて二種類の反応を完結させると共に流動性を高める改質剤の添加も行っている。このシステムにて高機能性ポリマーが，高い生産性にて安定した製造が実施されている。

（6）製品の単離・精製装置例

　反応を終えた反応溶液から製品を「単離・精製する装置」の検討には，小試験より蓄積・整理してきた「実験データ」と「物性定数」等を活用する。

　分子量の低い低粘度製品（例：アルコール）は蒸留操作により単離・精製することが多い。

　図4−6に反応液から液体の製品を回収する代表的なケースを示した。反応缶より得られた反応液を蒸留塔Aにて未反応原料を回収して

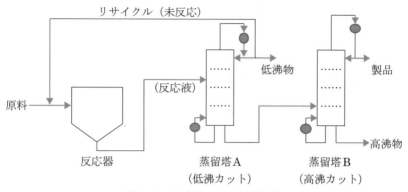

図4−6　反応液からの製品回収

リサイクル使用すると共に，その一部を低沸物として系外に取り出す。次の蒸留塔Ｂでは副成した高沸点物を除去して目的の製品を得る。未反応モノマーや溶剤をリサイクル使用するケースでは，「反応→低沸カット→高沸カット」の方式が採用されている。

「溶剤」を使用した重合反応溶液よりポリマー成分を取り出し，造粒機にて造粒品を生産するプロセスの代表例を**図４−７**に示す。重合反応溶液をスチームストリッピングにて「濃縮」を行い，その後「押出脱気機」にてポリマーを取り出し，最後に「造粒機」にてペレットを製造する。

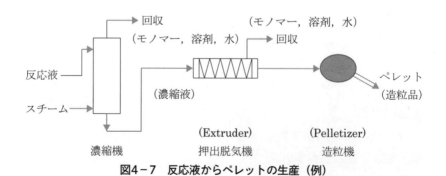

図4−7　反応液からペレットの生産（例）

（7）副生物の処理

副反応にて生成した副生物は，精製・単離工程にて製品と分離する。「発火・爆発等の危険性や有毒性」を十分検討して，処理方法を決める。副生物によっては再生処理をして原料に戻すこともある。原料に戻せない副生物は社内処理（焼却等）を検討する。有価のものは売却する。

「気体副生物」は大気への直接放散を防止するため吸収塔などで回収する。水洗塔からの回収水を自社で処理する場合には，既存の処理施設で十分な無害化が可能かを検討する（中和処理，薬剤分解，微生物処理等）。既存設備では処理不十分な場合には，毒性・残留性などの特性を把握した上で，処理方法の改善や新たの処理機能を追加する。気体の副生物を溶剤で吸収し回収する場合には，更なる精製・分離や焼却処理等の無害化を検討する。

「液体副生物」や「固体副生物」で利用価値のないものは，自社または外部にて処理（焼却，埋立等）を行うが，安全性（貯蔵，移送，廃棄等）には十分配慮する。特に毒性を持つ物質の外部処理は責任を持って最終処理までの安全性を確認する。埋設処理をする場合には，外部への委託であっても，毒性・残留性等を正確に把握し責任を持って管理する体制を確保する。

副生物の処理は，気体，液体，個体につき，処理方法の概略を示す。

＜副生物の廃棄処理＞

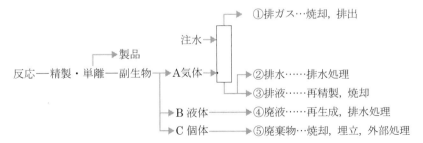

（排出課題）		（対応例）
①各所からの排ガス	:	焼却，無害化排出
②排ガス吸水塔の回収水	:	排水処理，排水基準
③排ガス吸収塔の回収液	:	再精製利用，焼却処理，外部処理
④液体の副生物	:	再精製利用，焼却，外部処理
⑤固体の副生物	:	焼却，埋立，外部処理

　副生量は微量であってもリサイクルされる原材料に混入して系内に循環蓄積する副生物がある。パイロットプラントでは原材料の回収をそれ程厳密に管理していないので異物の蓄積による物性等への悪影響は出ないが，本プラントでは微量の副生物でも長時間操業では循環使用により蓄積し，着色等の悪影響を生ずることがある。パイロットプラントの運転時には精密な成分分析を行い，微量な副生物でもその挙動・影響を十分把握してする。必要があれば除去方法を確立しておく。

◉4.2.3　プロセス全体の設計と評価

　プロセスを構成する単位操作をベースに，原料・中間品・製品の貯槽等も含めたプロセス全体を組み立てる。組み立てられたプロセス全体を図面に描き，「プロセスフローの概略」を把握する。プロセスフローを描くことにより，原材料から反応，精製，製品，出荷までの物質の流れに従って，パイロットプラントで解明してきた技術流れを点検し，見落としの有無をチェックする。
　プロセスを構成する単位操作につき，次の課題にて技術的に確認を行う。

①原　料	:	原料収率，必要純度，保存安定性，プロセスへの搬入法
②前処理	:	許容処理量，組成安定性（未溶解物回避など）
③反　応	:	反応率の許容範囲，組成の均一性（相分離の許容

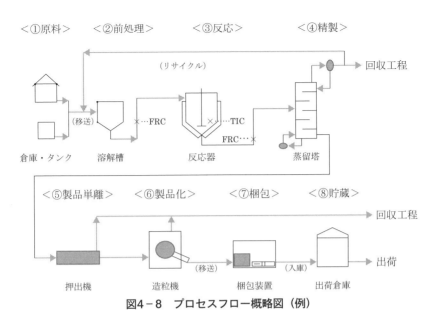

<①原料>　　<②前処理>　　　<③反応>　　　　<④精製>

（リサイクル）　　　　　　　　　　　　　　→ 回収工程

（移送）　　×…FRC　　　　…TIC
　　　　　　　　　　　　FRC…×

倉庫・タンク　　溶解槽　　　　　反応器　　　　　蒸留塔

<⑤製品単離>　　<⑥製品化>　　　<⑦梱包>　　　<⑧貯蔵>

→ 回収工程

（移送）　　　　　　（入庫）　　　　　　→ 出荷

押出機　　　　　造粒機　　　　　梱包装置　　　出荷倉庫

図4-8　プロセスフロー概略図（例）

程度）

④精　製　：　許容純度範囲，リサイクル量の選定，回収液の濃
　　　　　　　度把握
⑤製品単離　：　製品劣化の防止温度，機械応力の許容範囲
⑥製品化　：　粉化防止条件，許容残留物濃度，生産量の範囲
⑦梱　包　：　目標の充填量・精度，可能な処理能力
⑧貯　蔵　：　製品劣化の有無，貯蔵容量

◉4.2.4　システムの設計・評価

　全体の機器配置を把握した上で，各機器の操業条件を再点検する。
特に，温度制御，圧力制御においては，制御系の時定数を考慮した時
間遅れも配慮する。温度・圧力の変化が早い系でも十分制御できるシ
ステムを採用する。例えば，流量の制御バルブには複数の方式がある
ので，制御の精度や応答の速さを考慮して選定する。
　高粘度溶液の外部循環による「反応温度制御」やリフラックス冷却

法による「反応缶沸点制御」等を採用する場合，温度・圧力・流量の
制御技術をうまく組み合わせる。

　適正な計装システムを採用するためには，計装・制御の専門家の知
識が不可欠である。

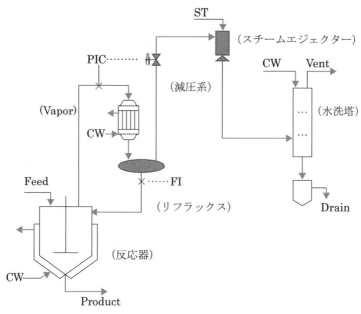

図4−9　リフラックス冷却での圧力制御系

4.3　材質データ収集

　各装置の形式を選定すると，次は強度や耐食性等を考慮して材質の
検討を行う。材質の選定には文献等の既知データを活用。既存データ
では不十分な場合は自らデータ採取を行う。材料の特性として，引張
強さ，耐力，硬さ，比重，融解温度，導電率，熱伝導率，耐食性，成
形性，切削性等がある。ここでは，引張強度と耐食性の測定につき記
述する。

◉ 4.3.1 強度試験

　既存データは常温での測定結果が多い。必要なのは温度を含め使用する状態での材質強度である。引張強度は両サイドから材料を引っ張り，破断するまでの力を測定する。化学プラントでの使用条件では室温・常温での測定値はそのまま採用できないが，材料強度の温度依存性を別途測定し，実使用時の強度を推算している。

　材料強度の一つである耐力は試料の両端を固定し中央部に力をかけたときのたわみ状況を測定して得られる。材料の耐力等の検討は高圧で使用する装置の設計では特に重要である。

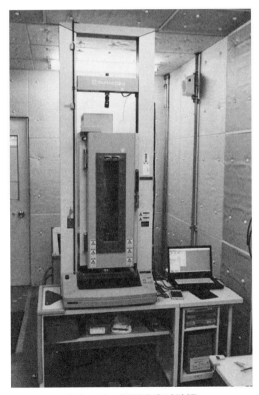

図4-10　材料強度試験機

　材料強度等の測定は，専用の測定機を使用するので，専門的な測定技術が必要である。

　参考のために，プラスチック材強度の温度依存性を測定したデータを示す。

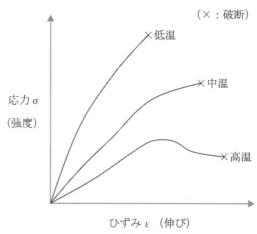

図4-11　プラスチックの強度試験（例）

◉4.3.2　腐食試験

　材料は使用環境により化学反応や電気化学反応による変質・劣化を起こす。水溶液中や大気中で起こる金属腐食の多くは電気化学反応である。また，流体の機械的な力が材料劣化を招くエロージョン腐食があり，配管設計時には留意が必要である。

　腐食には表面全体に生じる均一腐食，特定部分に生じる局所腐食，結晶粒間に起こる粒間腐食，被覆のピンホールに起因する孔食，応力が誘引する応力腐食割れ等がある。化学装置では，酸やアルカリ反応性の水溶液による「溶解劣化」や外気と触れて生じる「サビ」等もある。また，設備を保温材被覆すると，保温材の下で生ずる外面腐食にも配慮すること。

＜材料の主な腐食と対応例＞

①全面腐食 ： 表面被覆（メッキ），材料変更

②局所腐食 ： 溶液濃度の検討，材質検討

③粒間腐食 ： 材料変更（耐粒間腐食材）

④孔食 ： 雨水流入防止（正確な被覆），被覆状況の点検

⑤応力腐食割れ ： 肉厚化，使用条件緩和（低応力化）

　材料の耐食性に関する試験データは文献等に掲載されているので，自己のプロセスに関係するデータは収集・整理しておく。但し，既報データの試験環境は開発プロセスでの使用条件とは異なることが多く，実使用環境（溶液組成，温度，圧力等）での腐食試験を自ら行うと良い。自社で行う腐食への対策として次の方法が一般的である。

＜腐食データの収集＞

①文献等のデータの収集・整理

②実験装置での材料腐食試験

③パイロットプラントでの材料設置試験（実用環境）

　「文献情報」は腐食試験を計画する上で参考にする。実験室での「材料腐食試験」は温度，濃度，時間などを変えたデータが採取でき，また腐食の進行状況の把握も可能である。一方，パイロットプラントでは本プラントの実操業に類似した環境（含，操業条件，スタートアップ，シャットダウン）での耐食性が把握できる。入手可能なデータを総動員して本プラントの材質の選定を行う。

　耐食材として良く使用されているステンレス材料の代表例を示す。

・SUS304 ： 18Cr-8Ni含有，代表的なステンレス鋼，一般化学設備等に使用

・SUS304L ： SUS304の低炭素材，粒界腐食性改良

・SUS316 ： SUS304にMoを2.5％添加，耐孔食性改良，配管・海水ポンプに使用

なお，材質選定には，「材質データ集」の利用に加え，メーカーやエンジニアリング会社が持つ豊富な知識と経験を活用する。

4.4　重要装置の設計（例）

機器の設計に当たり，広く使用されている機器なら機器メーカーに相談するとメーカーが持つ豊富なノウハウが活用できる。一方，独自プロセスを開発し使用例が少ない機器を設計する場合は，機器仕様の詳細設計にはメーカーの協力を得て「メーカー実験」を行うと良い。機器メーカーとの自由な意見交換は有用であり，設備部門が保有している「機器メーカーとのネットワーク」を活用する。

◉4.4.1　反応器の設計

小試験〜ベンチ試験〜パイロットプラント試験にて収集したデータと解析結果に基づいて反応器の必要な大きさを計算し，生産能力を決める。各実験で得られた反応速度（wt/hr・vol）は理論的な化学反応式で正確に表現できないことが多い。反応が“反応律速”でなく，装置内の混合環境により“拡散律速”となる場合や，複雑な“副反応”や“逐次反応”を伴うことが多いからである。

反応器設計の第一課題は「反応器容量」の決定である。反応器の容量は実験で得られた反応速度と必要とする生産能力より次式を用いて推算する。

反応器容量（vol）＝必要生産能力（wt/hr）/ 反応速度（wt/hr・vol）

実験段階にて想定した反応器につき，本プラントへのスケールアップ時の影響を調べる。流体の流れ，混合，反応，除熱等検討し，想定している反応状況が得られるかを解析する。なお，品質への影響のチェックポイントは「混合状態」と「除熱能力」である。

　反応器の必要容積に基づいて単純にスケールアップすると伝熱面積が不足する。『容積は長さの3乗に，面積は長さの2乗に比例する』からである。同形式の反応器を選定しスケールアップを図るには，伝熱面積・伝熱機能を拡大する工夫が必要である。

＜反応器のスケールアップ時の検討課題＞
①反応速度の律速過程確認　：　反応律速，拡散律速
②反応器内の液流動形態　　：　全体均一流動，局所的な流動
③混合の強さ状況　　　　　：　マクロ混合，ミクロ混合
④除熱能力の確保　　　　　：　除熱面積補強，除熱方式改善（反応器仕様変更）

● 4.4.2　濃縮装置

　反応が終了すると無機系でも有機系でも不要な成分を除く「濃縮工程」がある。

　溶液重合のポリマー製造では，反応溶液から未反応モノマーや溶剤を"簡便な方法"で一次回収しておくと，ポリマーの「単離・精製工

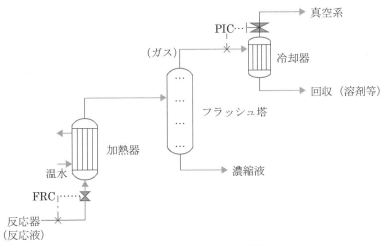

図4-12　フラッシュ濃縮（例）

程」での負荷軽減が図れる。

　例えば，小規模な回分式反応の場合では，反応終了後，缶内圧を減圧して溶剤等を蒸発回収し，溶液を濃縮することもある。

　図4−12では大型プラントからの反応溶液を，移送中に熱交換器で加温し，真空のミスト分離塔へフラッシュ（噴霧）し濃縮する。塔底から濃縮液を取り出し，塔頂のガスはコンデンサーにて冷却して溶剤等の回収を行う。この場合濃縮装置の設計ポイントは，ポリマー溶液の加温度とフラッシュ塔の減圧度であるが，ポリマーの熱安定性と溶剤の蒸気圧特性（沸点等）が把握できていれば，操作条件等の設定は比較的容易である。

● 4.4.3　生成物の単離装置

　「回分式反応」では，反応液にスチームを吹き込むスチームストリッピングにて溶剤を飛ばし，目的生成物のポリマーを単離・回収することが，小規模装置では行われている。

　「懸濁重合反応」では，ポリマーと溶液（水，溶剤）を固液分離することで，簡単にポリマーの回収する方法もある。

　「溶液重合反応」ではポリマー溶液を濃縮後，押出機（1軸，2軸）にて溶剤等を蒸発させてポリマーを単離する。この方法は大規模の生産（〜10万トン/年）も可能である。

　単離装置の能力査定は実験に基づき，メーカーと打合せをして決定する。機器選定の重要条件は，単離操作時にポリマーが劣化しないことである。

　＜ポリマー単離方法例＞
　①小規模回分式反応　：　スチームストリッピング
　②懸濁重合　　　　　：　固液分離法（フィルター方式等）
　③溶液重合　　　　　：　押出機分離法

◉ 4.4.4　蒸留装置

　反応で生成した製品が液状の場合，揮発度（蒸発のし易さ）の差を利用した蒸留法にて製品を分離・濃縮し回収する。蒸留法には回分法と連続法があるが，大型製造設備では，連続法が多く用いられている。

　工業的に蒸留を行う気液接触装置には，パッキング（粒状物）を充填した充填塔と多数の棚をセットした棚段塔がある。小規模な蒸留（回分，連続）操作では充填塔が用いられることが多いが，大規模な連続蒸留の場合は棚段塔が採用される。棚段としては，多数の孔が開く多孔板方式とバブルキャップを設けた泡鐘段方式がある。蒸留操作中に，固形物の生成等で目詰りの可能性がある場合には多孔板方式が採用される。

　＜蒸留精製法の例＞
　①回分式蒸留濃縮　　：　炊き上げ方式で製品回収（ウイスキー，焼酎等）
　②充填蒸留塔　　　　：　パッキングを充填したリフラックス蒸留
　③棚段式蒸留塔　　　：　多数の棚段設置のリフラックス蒸留（大型蒸留塔）

　蒸留塔の設計には各成分の「蒸気圧線図」と「物質の安定性データ」が必要である。蒸留操作中に会合や重合を起こす成分には，その挙動を正確に把握し蒸留塔の詳細仕様の設計に反映させる必要がある。

　棚段式蒸留塔の設計課題は全段数と原料の供給段の選定である（供給段より上が濃縮部，下が回収部）。また，蒸留性能に影響する還流量（還流比）や炊き上げのリボイラー能力は実験データより計算し，また各段の温度設定も行う。データが十分確保されていれば，コンピューターを活用して計算ができる。自己開発のプロセスに適した蒸留装置を設計するには多くの実験が必要であるが，既知の蒸留系であればエンジ会社が設計してくれる。

蒸留による製品精製に低沸カットと高沸カットが必要となる場合には，2塔の蒸留塔を使用して不要成分を除去する。また，分離された溶剤や副生物の分離・回収も別途行う。

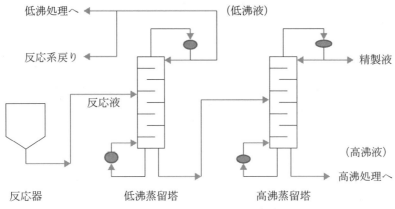

図4−13　蒸留による精製（例）

◉4.4.5　製品混合装置

反応工程より得られた生成物は，物性調整のために添加物を配合することが多い。通常は撹拌混合機や押出機等で容易に混合が可能であるが，配合物の特性によっては添加が容易でない組み合わせもある。

例えば，高粘度ポリマーに低粘度の改質液を配合する場合，粘度差が大きすぎると容易には混ざらない（山芋に醤油を混ぜる状況！）。ポリマーは高せん断場では高分子相互の絡み合いが解けて低粘度化する特性をもつ。この特性を活用すると高粘度の溶融ポリマーに低粘度の

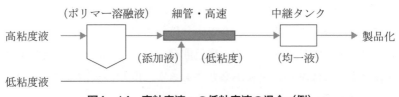

図4−14　高粘度液への低粘度液の混合（例）

溶液混合が可能になる。高粘度ポリマーを細管中に高速で流して粘度を下げ，その中に低粘度液を注入すれば粘度差が小さくなり容易に混合する。

◉4.4.6 付帯設備の設計

主要機器以外に，配管，貯槽タンク，中継タンク，熱交換器，各種ポンプ，計測装置（温度，圧力，流速，高さ等），制御装置，防消火設備，倉庫等の仕様を決める必要がある。

＜設備仕様設定の担当＞
①プロセス開発担当者 ： 主要機器・配管の基本設計（形式，容量，材質等）
②開発チームでの検討 ： 関連設備の仕様（タンク，ポンプ，計器，制御装置等）
③関係部門と協議 ： 付帯設備の設置（防消火設備，倉庫，設備配置等）
④機器メーカー等と討議 ： 機器詳細仕様，機器の配置，建屋，パイプラック等

主要装置の容量と材質はプロセス開発担当が主導する。機器の詳細仕様の選定は，機器メーカーのアドバイスを得て，メーカー保有の機種より適正なものを選定するのが一般的である。但し，タンク類に設置するレベル計と温度計は安全確保の観点より必要十分に設置しておくことが重要。なぜなら，レベル計や温度計の設置が不十分で，プラントの危険情報が得られず大事故を起こしたケースが散見されている。また，法規への対応が必要な消火設備や環境対応設備等は環境部門や総務部門との協議が不可欠である。そのためには関係部門の担当者が，パイロットプラントの設備や操業状況を見学し理解する機会を持つことが重要である。

◉4.4.7 サンプリング箇所の設定

　品質や運転状況の異常等を把握するために，生産工程より試料を採取して，成分分析や物性測定を行う。資料を採取するサンプリングは操業状況が的確に把握できる個所を選定する。

　サンプリング個所には番号と名称を割り当て，資料の採取場所を明確にする。また，可能ならばサンプリングの時間・頻度を決めておく。サンプリング作業のミスによる事故を防止するため，バルブの複数配置やバイパスの活用，圧力計の設置，作業者の足場確保等を検討し，安全確保には十分配慮する。可能なら自動サンプリングを採用する。

（サンプリング箇所）

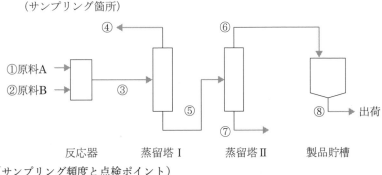

| | 反応器 | 蒸留塔Ⅰ | 蒸留塔Ⅱ | 製品貯槽 |

（サンプリング頻度と点検ポイント）

番号	サンプリング名	サンプリング時間	（＊）点検ポイント（％）
①	原料A	6，18	不純物＜0.5％
②	原料B	6，18	不純物＜0.2％
③	反応液	2，10，18	反応率（75〜80％）
④	低沸点物（回収）	8，20	組成確認
⑤	初期精製液	2，10，18	製品濃度（85％以上）
⑥	反応液（精製品）	2，10，18	製品純度（99％以上）
⑦	高沸点物（処理）	8，20	組成確認
⑧	製品（出荷用）	2，10，18	不純物濃度（1％以下）

（＊）　許容濃度範囲を正確に記述すること

図4−15　サンプリングによる工程管理（略例）

サンプリングの分析結果による工程の"チェックポイント"も設定し，誰もが操業状況の良否を判断可能にする。

◉4.4.8 ユーティリティー（用役）等の能力・装置の設計

プラントの建設・操業に使用されるユーティリティー（用水，冷却水，ブライン，電力，計装空気，加圧空気等）や排水・廃棄物の処理施設等の必要能力を算出し，必要な設備の概略設計を行う。ユーティリティー等は将来の設備能力拡張も想定して，設置する各能力を決定し調達する。

用水配管や動力配線は，プラント全体の配置計画（プロットプラン）が決定されてから詳細を検討する。ユーティリティー計画は"緊急時の対応"も考慮して，能力を査定し安全に配慮したものとする。

4.5 パイロットプラント推進体制

パイロットプラント段階にて検討すべき課題は大変多くなるので，実験，物性，プロセス，設備，法規，資材，市場等を担当する要員を，試験の進捗に合わせて順次強化していく。

＜パイロットプラントの推進体制＞

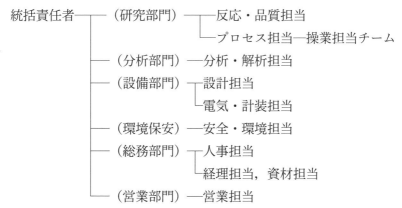

　「研究部門の研究者」が反応・物性の技術開発を担当し，「プロセス担当」はパイロットプラントの操業，単位操作の検討，プロセスの設定等を行う。「分析部門」では化学分析・機器分析に加えて製品・材料の物性測定も行う。

　「設備部門」は，機器設計を行う設計担当を主体に，計装や電気の専門技術者も参加する。「設備保全の担当」は設備・プロセスの安全性と法規対応の情報に責任を持つ。「環境担当」は立地域の法規制を考慮すると共に，環境上の地域連携にも配慮する。

　「人事部門」はパイロットプラントの技術開発担当者と相談して，操業要員の確保を行う。パイロットプラントの建設費は額が大きいので建設費の確保を経理部門と相談する。また設備建設には社外の建設業者を活用するので「資材部門」との協議も必要である。市場開発は営業と協力して行うので，「営業部門」の担当者を確保する。

4.6　パイロットプラントの技術開発計画（例）

　パイロットプラントでの技術開発には多くの専門分野（化学反応，物性，プロセス，分析，製造，設備，計装，環境・安全等）の人材の参加が必要となる。技術開発を速やかに行うには，開発すべき技術課題を整理し各課題の担当者を決め，自主的な活動を促す。担当者は“世界のトップ技術”の確立に向けて責任感と自負心を持ち，担当分野の調査と学習を常に行う。多くの専門家の知識・経験を総動員して，技術完成に当たる。

　プロセス開発は“やりがい甲斐”のある活動！

表4-1　パイロットプラントでの技術開発計画（例）

4 月 1 日作成

課　題	項　目	内　　容	期限	担当
1. 中試操業	①中試機器トラブル	中試機器トラブルの原因と対策	6/E	D，F
	②中試操業トラブル	中試操業トラブルの原因と対策	6/E	D
	③中試改善工事	中試改善工事の理由と結果	6/E	D，G
2. 操業技術	①スタートアップ	方法と必要設備の検討	7/E	D，B
	②シャットダウン	方法と必要設備の検討	7/E	D，B
	③緊急停止	方法と必要設備（含，各所液抜き）	8/E	F，B
	④品種切り替え	切替手順，中間品の処理方法	6/E	E，D
3. 単位操作の検討	①脱揮システム	予熱器の仕様・工夫，設備仕様，操作条件，レベル計の仕様	6/E	G，D
	②低残揮発分対策	2段脱揮等の工夫	6/E	B，D
	③添加物混合方式	酸類，油類，着色剤の混練方法	6/E	G，D
	④造粒機の機種	A社造粒機の詳細検討	6/E	E，B
	⑤モノマー回収方式	方式の比較検討，ポリマー付着防止法	5/E	B，E
	⑥モノマー精製方法	回収モノマーの精製，脱溶剤	6/E	B，G
	⑦在庫・出荷設備	グレード別荷姿，在庫・出荷設備	5/E	E，A
4. 反応器の検討	①重合缶仕様・伝熱	各缶の最適仕様（コイルピッチetc）	6/E	G
	②重合缶仕様・流動	管内流動とデッドスペースの検討	8/E	G，C
	③重合缶・熱安定性	重合缶の熱安定性及び危険度評価	9/E	G，C
	④横型反応器熱操作	反応器の熱安定性と操作条件検討	6/E	G，B
	⑤横型反応器の仕様	サイズと内部重点物の検討	6/E	F
5. 単体機器の仕様	①ギヤーポンプ仕様	詳細構造・仕様の検討	6/E	F
	②各種ポンプ形式	各ポンプの形状・仕様の検討	6/E	G，D
	③各部品の材質検討	機器・配管・メカシ・ガスケット等の材質	9/E	G，D
6. 計装関係	①原料調整	モナマー，回収モノマー，溶剤の濃度調整	7/E	H，B
	②流量制御	全系の流量制御ループ（方法・範囲）	5/E	H，F
	③アラーム	アラーム必要箇所の検討	7/E	D，E

	④工程管理	重合率・物性監視，サンプリング箇所	8/E	C, D
	⑤コンピューター利用	操業管理，処方の決定，重合物性の推定，データ管理	9/E	E, B
7. ユーティリティー関係	①真空システム	ポンプ形式・組み合わせ等のシステム配管径・漏れ防止法 etc	6/E	F, B
	②熱媒システム	容量，熱媒種類，ガス抜き方法循環ループ数	8/E	G, D
	③冷凍設備	容量，モノマー保管温度，冷媒温度	8/E	E, B
8. 反応と物性	①反応速度	反応速度式（重合缶，横型反応器），溶剤の効果	4/E	C, E
	②物性の推算	分子量（数平均，重量平均）の物性推算式（含，溶剤の有無）	4/E	E, C
9. 設計基準	①物質収支	グレード別生産時の物質収支	5/E	B
	②熱収支	グレード別生産時の熱収支	5/E	B
	③原単位，ロスバランス	物質収支・熱収支より原単位及びロス量を算出	6/E	B, E
10. 設備計画	①設備配置	法規制，経済性，操作性，保守性，安全性等を考慮し検討	6/E 5/E	E
	②建屋	構造，造粒室の法規制対策，屋根・壁の必要箇所	7/E	E, B
	③配管設計	高温配管，高粘度配管，真空配管，等の設計	9/E	E, D
	④配管等の施行基準	異物混入の完全防止策，漏洩防止	9/E	G, D
	⑤予備品	各機器の必要予備品の検討	7/E	F, D
	⑥安全対策	安全の必要設備検討（含，法規制）	9/E	C, D
	⑦環境対策	公害・作業緩急への対策検討	9/E	E, B
11. 基礎データ収集	①物性データ	物性データ（主に工学データ）集成	9/E	C, B
	②原材料データ	原材料のデータ（化学的性質，毒性，爆発性，取扱い方法等）	9/E	C
12. 本プラント計画の予定	①予算作成（概算）	設計基準の明確，予算推算	10/E	F, B
	②予備設計	機器メーカー，エンジ会社と接触，基本設計実施	6/E	F, B
	③建設スケジュール（構想）	官庁申請，作業量，工数，納期，定修（隣接工場）等を考慮	6/E	F, G
（12課題）	（45項目）	（検討内容108以上）	（6カ月）	（8名＋実験者）

＜注記＞・担当の内訳（前者：主担当，後者：副担当）
　　　　・担当者 8 名の専門
　　　　　　A/責任者，B/プロセスリーダー，C/プロセス担当，D/試験主任，
　　　　　　E/製造技術者，F/設備リーダー，G/設備担当，H/計装担当
　　　　・実験者：9 名

＜コラム＞『仲間の強い絆が成功の秘訣！』

　連続操作のパイロットプラントの操業は交代勤務にて行う。通常は「3組×3交代」の体制。各組を2名ずつとしてもチームメンバーは10人程度にはなる。そのために多くの職場から要員が集まり，チームを編成する。技術開発を精度良く，かつスピーディーに推進するには，参加者全員の仲間意識と強い絆を創ることが必要となる。

　勤務中の技術討論や夜間の会食に加え，自然のなかでの“心の交流”も行った。山と海が近くにある新潟県・糸魚川にある工場での経験を披露する。

　5月の連休時期にはパイロットプラント試験も停止する。山登りの名手である八木さんを隊長にして，皆で新緑の山に入り山菜（うど，ワラビ，フキ等）を採りながら残雪のあるところまで標高を上げて行き，空気マットを敷き昼食の場とした。残雪中にビールを冷やし，山菜の天ぷらを揚げる。これらの作業はチームメンバーで分担して行った。青い日本海，白い雪原，木々の新緑を楽しみながら，缶ビールや日本酒を存分飲み“ワイワイがやがや”とにぎやかな食事をした。帰りは大声で歌を歌いながら山をゆっくりと下りた。そのときのみんなの晴れやかな笑顔は忘れられない。

　夏には親不知海岸に複数のテントを張り数日間の合宿をした。工場へはテントより起きだしての三交代勤務。昼間のテント在住者は海に入り，夏カキ，アワビ，サザエなどを大量に採取する。チームメンバーは好みにより“生”や“焼き貝”にして味わう。夕方には，たき火のまわりでバーベキューをして，海の幸とアルコールを共に飲食し満喫した。

　秋にはキノコ採りに皆で紅葉の山に入った。倒木にぎっしり付着する「天然なめこ」や，耳竹，しめじ等のキノコを採取しながら，山峡の河原で車座に座った。採ったキノコを大鍋に入れて大

量の「きのこ汁」を作り，食べ放題，飲み放題で，酔っぱらうのも自由奔放。山中なので大声で叫び，歌っても OK なので，各人得意の歌や自慢話を十分楽しんだ後，山ぶどうを頬張りながら下山した。

　以上のような余暇を含めた活動により，『相互に信頼する仲間の強い絆』ができて，パイロットプラントでの試験は順調に進展した。

　余談である。「なめこ」は，山中の倒木に菌が入り，樹木が完全腐敗するまでの 3 年間は同じ樹木で毎年採取できると聞いた。また，別の機会に案内を得て，松茸を採取したことがある。松茸の育成地は「一子相伝」とのこと。但し，育成場所は『東斜面で日当たりの良い赤松林』との情報を地元のメンバーより頂いた。

第 5 章

本プラント計画
−生産技術の完成−

5.1 設計基準の設定

5.2 物質収支とエネルギー収支

5.3 機器リストと設備配置計画

5.4 海外立地への対応

5.5 操業条件の確立

5.6 作業標準・作業手順書の作成と教育

5.7 市場性評価

5.8 本プラントの建設費

5.9 事業性の検討

5.10 本プラント計画の課題と推進体制

　パイロットプラントでは通常 1 ～ 2 年の操業にて，本プラント計画に必要なデータや情報を収集する。本プラント計画で考慮すべき点は，「安全・安定した生産」を行うと共に市場に対応する「品質・価格」の達成である。

　計画するプラントの「生産規模」は建設費を大きく左右するので，営業部門・経理部門等と十分検討する。また，建設用地やユーティリティー確保等の「立地条件」も計画作成に影響する。海外立地の場合は，現地調査を含め必要な情報を集める。原材料受入や製品出荷に必要な「物流機能（含，港湾）」の確保も検討する。なお，建設予定地域における「法規制」の把握は計画作成に欠かせない。

　本プラントの計画を進めるには，多方面からの情報を収集し，「問題点の有無」と「対応策」について検討する。

　＜本プラント計画の前提情報＞
①安全・安定な生産技術　：　危険物質の安全な取扱い技術の点検
②市場動向と生産規模　　：　開発製品の競争力情報（品質，価格）と市場規模
③物流機能の確保　　　　：　原材料搬入と製品出荷の課題検討（含，コスト）
④建設用地確保　　　　　：　購入・賃貸条件，法規制
⑤ユーティリティー状況　：　電力・用水の状況把握（供給量，価格）
⑥要員の確保方法　　　　：　必要な技術レベル，現地採用，遠隔地採用

5.1　設計基準の設定

　本プラント計画は「設備能力」の設定から始める。パイロットプラント試験で得た「開発技術」と「市場情報」より，建設する本プラントの「生産規模」を決める。製品出荷量やプロセス全体の収率（総合

収率）を考慮して，工程ごとの「生産能力」及び「原材料」や「ユーティリティー」の必要量を求める。

　生産規模は「企業戦略」と「事業の将来性」，及び「経済メリット」より，適正な規模を決めていく。

　＜設備能力の算定要因＞

①必要生産規模　：　市場情報，企業将来戦略（現在規模，将来規模）

②年間生産能力　：　設備能力，収率，稼動率（含，定修）

③個別機器能力　：　稼動方式（バッチ，連続），故障頻度，予備機の有無

　設計基準は通常の場合，「年間の生産量」（wt/y）にて表現するが，「主要機器の能力」は時間当たりの生産速度（wt/hr）にて表現される。この場合，「年間の稼働率」の想定が必要となる。稼働率はバッチ操作と連続操作で計算方法は異なる。また，「定期修理」の期間や「臨時修理」等による停止時間も考慮する。

　設定したプラントの年間生産量（wt/y）に基づき，「個別機器の生産能力」は稼働方法（連続，バッチ），稼動時間（稼働率，バッチ数，補修時間）を考慮して算出する。連続操業の場合は時間当たりの処理量能力（wt/hr），バッチ操作では1バッチ当たりの生産量（wt/b）にて表現する。

　・連続法年間生産量（wt/y）＝設備生産能力（wt/hr）× 稼動時間（hr/y）

　・バッチ年間生産量（wt/y）＝1バッチ生産量（wt/b）

$$×年間バッチ数（b/y）$$

5.2　物質収支とエネルギー収支

　プラントの生産規模と各設備の生産能力が決定されたら，「物質収支」と「エネルギー収支」を計算する。そして，この数値よりユーティ

リティー等の個別機器への供給量とプラント全体の必要量を決定する。

◉5.2.1　物質収支

目標生産能力に対応する「各機器の物資収支」を計算する。機器ごとの物質収支では，流量（流量計）と組成（分析値）データより，組成別に物資収支を算出する。計算は簡単な代数ではあるが，各成分の生成・消滅を含め注意深く収支を計算する。

物質収支の基礎式　：　（蓄積量）＝（入量）−（出量）

連続操作では，各機器での蓄積量はゼロであり，（入量）＝（出量）として計算できる。

「プラント全体の物質収支」は，各単位操作の物質収支をプロセスの流れに従い順次計算し，最終的にはプロセス内の「リサイクル量」も含め算出する。

プラントの「設計基準」の生産能力から，各単位操作が必要とする能力を設定し，個々の機器の必要能力を求める。

具体的には，「入口主原料100」を基準として全工程（原料〜反応〜精製〜後処理〜製品）の物質収支を算出。次に，基準を「製品100」に変更し，物質収支を計算し直す。

「製品100基準」の物質収支を用いると，生産量を変化させたときの物質収支（原材料，副生物量，リサイクル量，廃棄物量等）が容易に算出できる。

＜物質収支の作成手順＞

①入口原料100基準収支　：　「原料100」×「収率」＝「製品」

②出口製品100基準収支　：　「製品100」/「収率」＝「原料」

③生産量基準の物質収支　：　「計画生産量」/「収率」＝「必要原料」

　物質収支の計算例として「ジクロロブテン（DCB）に，20％苛性ソーダ（NaOH）を反応させて脱塩酸（HCl）し，クロロプレン（Cp）を生成」するケースを示す。実験で得られた「反応式」，「生成物質」，「未反応物」の収集データに基づいて計算している。

◎ジクロロブテン（DCB）からクロロプレン（Cp）の生産過程の「物質収支」
- 反応式　：　　DCB＋NaOH　→　Cp　+　NaCl＋H_2O
　（分子量）　　（125）　（40）　　　（88.5）　（58.5）　（18）
- 操作　　：　原料 DCB 100Kg の 90％が，20％苛性ソーダに反応し CP を生成する。
- 生成　　：　①Cp 生成量　：　（100Kg×0.90）×（88.5/125）＝63.7Kg
　　　　　　　②NaCl 生成量　：　（100Kg×0.90）×（58.5/125）＝42.1Kg
　　　　　　　③H_2O 生成量　：　（100Kg×0.90）×（18/125）＝13.0Kg
- 未反応　：　④未反応 DCB　：　（100Kg×0.10）＝ 10Kg
　　　　　　　⑤未反応 H_2O　　：　使用苛性ソーダ 150Kg は H_2O 120Kg 含有
　　　　　　　⑥未反応 NaOH　：　30Kg－42.1Kg×（40.0/58.5）＝1.2Kg

原料(250Kg)	反応器内(250Kg)		反応後(250Kg)
DCB　　100	生成(118.8Kg)	未反応(131.2Kg)	Cp　　　63.7
	Cp　　63.7	DCB　　10.0	DCB　　10.0
(20%苛性ソーダ)	NaCl 42.1	NaOH　1.2	NaCl　42.1
NaOH　30	H_2O　13.0	H_2O　120	NaOH　1.2
H_2O　　120			H_2O　133.0

図5−1　物質収支計算例（反応系）

　「原料 DCB 100Kg」が 90％反応して，「クロロプレン（Cp）63.7Kg」が生産されている。「クロロプレン Cp 100Kg 生産」の物質収支は，上の物質収支を"100Kg/63.7Kg＝1.57 倍"して算出しておく。そうすれば，本プラントの生産規模が決まれば「クロロプレン Cp の生産量」に合わせて比例計算をすれば，本プラントでの物質収支が得られる。

●5.2.2　熱収支

本プラントの設計基準の物質収支に基づき，「原料系の温度を基準」

にして，発熱量，除熱量を各装置での熱の収支を計算する。収支の計算は実験データを用いて，各位置の温度を設定するが，装置の大きさにより除熱能力に差が出る。例えば，発熱量は反応器体積（寸法の3乗）に比例するが，除熱能力は表面積（寸法の2乗）に比例する。

＜反応器スケールアップ時の除熱能力計算（例）＞
＊反応器の直径を本プラントでは，パイロットプラントの5倍にすると
・表面積（2乗）は，本プラントでは，パイロットの25倍
・体積（3乗）は，本プラントでは，パイロットの125倍
・表面積／体積（比表面積）は，本プラントでは，パイロットの1/5倍
⇒発熱量が反応器体積に比例すると，大型化により反応器の比表面積が著しく減少し，除熱能力は大きく減少する。

同一形状の反応器にて，サイズを大きくすると除熱量が不足するので，スケールアップ時には除熱能力向上の工夫が必要となる。例えば，「伝熱面積」を増やす工夫や液体の流動性を高めて「熱伝導率」（電熱量 Kcal/温度差△t・面積 m^2・時間 hr）を大きくする等の方法である。

＜除熱能力強化法（ジャケット反応缶の例）＞
①伝面積の拡大 ： 冷却管複数挿入，外部循環冷却器の採用（気層部，液相部）
②熱伝導率のアップ ： 撹拌の強化，内筒設置による液流動促進
③冷却温度差拡大 ： 冷却水の低温化，ブライン冷却の採用

図5−1の「物質収支計算例」に引用した「原料DCBよりCpクロロプレンを生成」する場合の「熱収支試算例」を，パイロットプラントでのデータ（流量，温度等）に基づいて「原料DCB 100kg/hr」のケースにて計算してみる。

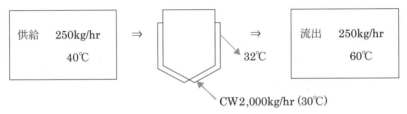

◎熱量変化 10
①反応液昇温　　：　250kg/hr×(60−40℃)×(1.2kcal/℃・kg)=6,000kcal/hr
②冷却水除熱　　：　2,000kg/hr×(32−30℃)×(1.0kcal/℃・kg)=4,000kcal/hr
③熱量合計　　　：　6,000＋4,000kcal/hr=10,000kcal/hr
④熱ロス　　　　：　理論発熱量概算 11,000kcal/hr−③10,000kcal/hr=1,000kcal/hr
　　　　　　　　　　・約 10%のロス（放熱等）

図5−2　熱収支計算例（反応系）

◉5.2.3　運動量収支

　運動量は，①粘性による拡散，②慣性による輸送，③圧力による輸送，④重力による発生等につき収支は計算可能。但し，これ等の運動量の移動・収支は実験データからの算出は容易でない。一般的には厳密な運動量収支は計算しないが，各操作でどの様に「運動量の変化」が起きているかを理解することは実現象を把握する上で望ましい。（例えば，配管の屈曲部での運動量変化は配管の強度設計に反映）

◉5.2.4　プロセスの最適化

　物質収支とエネルギー収支の計算を活用して，本プラント設計前に検討する課題として，「単位操作の最適化」と「プロセス全体の最適化」がある。
　「設備仕様」は機器の選定時に余裕度を確保するので，最適化の検討は主として「操業条件」となる。但し，選定した装置では十分な操業の条件が得られない場合には，設備の再選定に戻ることもある。
　部分最適化とは単位操作の「設備仕様と操業条件」を合わせて，能力・品質・コスト等を総合的に評価して最適化なものを選定すること

である。最適化の検討は，まず単位操作ごとに行う。最適化の課題を
決め，各種の操作条件を変えながら，最適化課題の達成度を確認して，
「最適操業条件」を選定する。

＜部分最適化の検討（例）＞

―単位操作―		―検討項目―	―最適化課題―
反応系	：	反応温度，圧力，供給量等	生産能力，収率，コスト等
蒸留系	：	上下温度，フィード段，還流比等	精製純度，処理量，コスト等
製品系	：	操作温度，添加物，安定等	生産能力，品質，コスト等

全体最適化とはプロセス全体の「設備及び操業条件」を目的達成に
向けて，最適化することである。部分最適化された各単位操作を接続
し，改めて全体の操業条件を検討しながら，"プロセス全体"の最適操
業条件を選定する。多くの場合，部分最適化の操業条件がほぼ採用さ
れるが，未反応モノマーや溶剤等のリサイクルがあるプロセスでは，
リサイクル量の選定を含めた全体の最適化が必要となる。

＜全体最適化の検討（例）＞

―対象操作―		―検討項目―	―最適化課題―
生産系	：	各設備の温度，圧力，流量等	製品品質，収率，コスト等
回収系	：	回収量，再生純度，流量制御等	回収率，不純物除去率
排出系	：	分離排出量，有毒性有無等	排出物処理方法，処理コスト等

なお，計画段階にて最適化の検討を行うが，プラント建設の進展に
伴って状況変化があり得るので，設備・操業条件の最適化の検討は逐

次実施する。

◉**5.2.5　スケールアップ**

　パイロットプラントのデータに基づいて，本プラントを設計するときには，各設備のスケールアップ作業が必要である。但し，本プラントの設備形式がパイロットプラントのものと同じであっても，設備の単純な規模の拡大では必要な機能・性能は得られない。

　設備のスケールアップを行うときの留意点を示す。

①除熱能力　　：　装置の拡大は除熱能力の不足を招く（「熱収支」にて記述）ので，機器仕様の工夫だけでなく，除熱システムの見直しも行う。

②混合機能　　：　設備が大型化すると混合時間は，一般的に長くなる。装置内の混合を，マクロ混合とミクロに分けて現象を解析し，混合機能の改善を工夫する。反応器や蒸留設備等での工夫は機器メーカーのノウハウを活用すると良い。

③生産能力　　：　反応は分子と分子の出会いにより起こるので，反応容量は装置の大型化に比例して拡大する訳ではない。反応が混合律速か拡散律速化を見極めて，分子オーダーの挙動を把握して生産能力を算出する。

④反応率分布　：　反応器の大型化により，生成する製品の反応度分布（分子量分布）が変わる。平均反応量（平均分子量）だけでなく，反応率分布（分子量分布）による物性への影響も検討する。

⑤滞留時間　　：　連続装置の大型化により，装置内での滞留時間分布が広くなる傾向がある。場合によっては，装置内での付着物の増加を招く。滞留部の発生を極力防止する。

　本プラントでパイロットプラントの装置と異なる形式の機器を採用することもある。パイロットプラントでのデータを活用して，形式の異なる装置での現象を推定し，必要により機器メーカーの設備を活用して現象把握の実験を行う。

なお，スケールアップの一般的な手法は，化学工学系の書籍の解説を参考にすると良い。

◉5.2.6 PFD（Process Flow Diagram）

単位操作の組み合わせや機器仕様が決まると，プロセス全体の物質収支と熱収支を算出・整理する。本プラント設計の基礎となる PFD（プロセス・フロー・ダイヤグラム）と P & ID（パイピング＆インスツルメンテイション・ダイヤグラム）の作成作業を行う。

PFD は「物質変化をプロセスに沿って表現する」もので，製造工程の全体像や物の流れを把握するのに必要。また，フローに沿って各操作を逐次点検をするとプロセスの問題点や改善個所が見えてくる。プロセスの改善を検討するには PFD が基礎資料となる。

全体の PFD では，プロセスに関与する全ての機器（反応器，精製設備，熱交換器，タンク類，ポンプ等）を配管で接続し記入する。分岐するフローを含め，各工程での物質量を明示するとプロセス全体の流れが理解できる。

図 5 − 3 に技術検討をしながら作成した"手書き"の PFD を，"PFD の全体像"を理解するための参考に例示する。一つひとつの機器の役割を考えながら作成したもので，プロセスの完成度をチェックするのに役立つ。

◉5.2.7 P & ID（Piping & Instrumentation Diagram）

P & ID は採用している各機器類を配管で接続し，かつ，制御に必要な計装システムも含めて，製造工程順に図示したものである。

記述する内容は，「プロセス配管」のサイズ，流れ方向，バイパス等であり，「制御機器」の名称，番号，センサー，コントロール弁，フランジ，サンプリング管等がある。

安定したプラント操業を確保するには「制御システム」の適切な選定が重要であり，スタートアップ，安定操業，安全確保，シャットダ

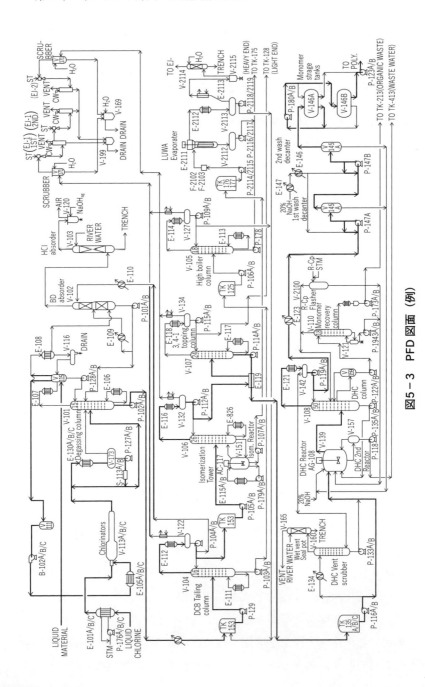

図 5 − 3　PFD 図面（例）

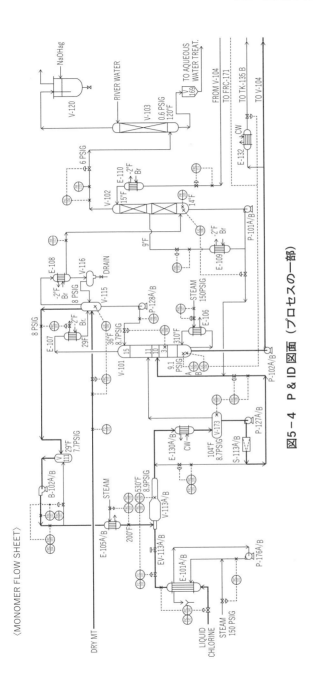

図5-4　P & ID 図面（プロセスの一部）

ウン等の制御機能を確保する。個別機器の制御方法（温度，圧力，流量等）や計装のシステムについて，日頃より関心を持ち理解していると，プロセス開発時に大いに役立つ。計装技術は，日々進歩しているので専門家の協力を得て，制御系の選定・構築を行うと良い。

　P & ID は記入する情報量が多く，プロセス全体では図面が多数ページとなる。一部分のみですが，P & ID には "何がどの様に" 記入されているかを理解頂くために P & ID の具体例を**図 5 － 4** に示す。

5.3　機器リストと設備配置計画

●5.3.1　機器リストの作成

プロセス開発にて選定した機器等は，PFD と P & ID において機器名

表5－1　機器リスト（参考）

機　種	記　号	名　称	型　式	仕　様
塔槽類	V-1	第一反応器	ジャケット式反応缶	SUS, 10m³
	V-2	異性化塔	塔型反応装置	2mΦ×5mL
	……	・・・・・・・・・・		
	V-9	HCl吸収塔	ガス吸収塔	1mΦ×4mL
タンク	TK-1	原料DCBタンク	竪型タンク	SUS, 100m³
	TK-2	回収液タンク	横型タンク	SUS, 20m³
	……	・・・・・・・・・・		
	TK-10	廃液貯槽	円柱型タンク	SS, 30m³
熱交換器	E-1	DCB予熱器	多管式温水加熱器	SUS, 2m²
	E-2	蒸留塔凝縮器	大管式スチーム加熱器	SUS, 1m²
	……	・・・・・・・・・・		
ポンプ	P-1	反応缶冷却水ポンプ	ターボ型ポンプ	10m³/hr
	P-2	反応液移送ポンプ	ギヤーポンプ	20m³/hr
	……	・・・・・・・・・・		

を付けている。詳細設計が終了した段階で，計装設備を含む全ての機器の一覧表（「機器リスト」）を作成する。機器リストは設備の発注，建設，操業，点検，修理等において不可欠であり，プロセス担当者が設備部門と協議して作成する。

　なお，プラントの建設後には，実際に設置した機器の詳細仕様や調達先等を詳細に確認して，機器リストを改定する。

◉5.3.2　設備配置計画（プロットプラン /Plot Plan）

　各単位操作の技術課題が検討され，全ての機器の仕様が決定されれば，次に各設備（含，生産設備，操作室，休憩室，ユーティリティー，駐車場，排水処理施設，防消火設備等）の配置を検討する。但し，プラント建設地域の法規制には十分留意のこと。

　設備配置は作業性と安全性を考慮して決定する。重量機器は低層階に配置し，爆発・発火の危険性が高い設備は，"隔離"して設置することが多い。サンプリング頻度の高いバルブや頻繁に現場点検する設備は，通路の近くに配置する。

　設備配置図は実施経験が多い「設備部門」や「エンジニアリング会社」の支援を得て作成するのが良い。

5.4　海外立地への対応

　グローバル化の進展に伴い，日本の化学企業の海外進出が増えている。開発したプロセス技術の海外立地が必要となってきた。

　技術開発段階でも海外展開の検討をするケースがある。また海外進出を想定するプラントの建設見積もりも増えているので，開発プロセス記述する資料（PFD，P & ID，機器リスト，操業マニュアル等）を"英文化"しておくことが望ましい。その際，和製英語でなく世界標準の専門用語を使用すると，いざというときに大いに役立つ。筆者の経験した例では，「アースを取る」は「grounding」，「窒素シール」は

「nitrogen blanket」であり，和製英語は全く通じなかった。

また，各国の法規制には差があるので，実施時には現地スタッフと連絡を取り，建設計画について現地の法規制への対応を検討する（安全基準，環境規制，雇用問題等）。国によっては，PE（Professional Engineer）の制度があり，プロセスの内容チェックや官庁申請業務を支援してくれるので活用する（例，シンガポール）。

5.5　操業条件の確立

設備設計が進展すると，次には操業条件の検討となる。操業条件は安全，品質，コスト，環境，操作性，異常時対応等を考慮して確立して行く。

◉5.5.1　操業条件の設定

安全・安定な操業が保証できる「操業許容範囲」を設定し，更に品質・コストの目標が達成可能な「最適操業条件」を決める。併せて「環境保全」の確保を図る。

（1）安全操業範囲の設定

化学プロセスでは，操業条件が"爆発範囲"に達する可能性がある。爆発範囲内での操業はできるだけ避け，好ましくは，爆発限界に達しない範囲にて"操業範囲"を設定する。例えば気相部に爆発の危険性が存在する場合，「爆発限界濃度」の"80％以下"を操業許容範囲とし，90％以上は操業禁止にするなどである。

また，温度の上昇により自然分解を起こす物質では，操業が変動しても分解・爆発温度には到達しない操作条件を選定する。分解・爆発を生じる温度より低い温度にて「操作可能温度」を設定し，それ以上は操業禁止の温度範囲とする。

（2）異常反応への対策

反応系によっては，操業条件の変動，操作ミス，設備故障等により

「異常反応」を引き起こす可能性がある。異常反応が反応系の爆発・火災へと誘引され，爆発火災の大事故を引き起こす例が多々見られる。異常反応からの大事故を防止するには，操業状態を制御可能な範囲に止める必要がある。異常操作を防止するには，「リスクアセスメント」によりプロセスが持つ危険性を把握し，単位操作ごとの個別対応策を準備する。

　次に示すのは日本にて最近起きた爆発事故例と対策である。異常反応への対応を検討し，自己プロセスの安全対策を策定するときに参考にすると良い。

①操業条件の変動

＜現象＞前工程のトラブルにより，蒸留塔へのフィード量が半減したが，フル操業と同じ操業条件を維持したので，高沸成分が塔頂へ炊きあがり，リフラックスドラム内面のサビが触媒となり，想定外の異常反応が起き大爆発を引き起こした。

＜対策＞想定された通常の操作範囲を逸脱する場合は，"操作禁止"とするか，または"非定常用の操業条件"を準備しておく。

②操作ミス

＜現象＞通常低レベルにて使用する中継タンクなので，底部にのみ冷却機能を設けていた。実験のために高レベルまで液を充満したが，タンク全体を冷却するための外部循環ポンプの稼動を忘れたために，上部の液温が上昇し重合・爆発を引き起こした。

＜対策＞普段利用していない条件にて使用する場合には，事前のリスクチェックを行う。また，マニュアルを点検して，安全な操作方法の確保を図る。このケースでは外部循環ポンプの稼動を必須とし，ポンプが無稼動の場合はアラームを発し，作業員に警告する。

③想定外の異常現象

＜現象＞長期間の使用により目詰まりを起こした熱交換器が，解体整備時に大爆発を起こした。熱交換器の沈着物質は乾燥すると火薬並みの爆発性を持つことが，その後の原因解明で判明した。

＜対策＞この沈着物質は乾燥させず，湿潤状態にて処理する必要がある。この爆発物質の危険性理解が不十分であった。類似プロセスでの事故事例や安全対策の情報を入手し，安全対策を立てる。未知の物質については危険性を十分検討する。

◉5.5.2　品質の確保

品質の確保には，原料品質，操業，製品化，貯蔵，出荷等の各工程の管理が必要である。「原料～製造～出荷～消費」の全過程での品質確保を維持するためには，「自社の生産管理」に加え，「原材料の購入先」，倉庫・出荷等の「物流担当会社」と，品質管理の方法を打ち合わせし，協力を得ること。

（1）原材料の品質安定化

パイロットプラントでの実績を踏まえて，原材料の購入先を選定する。一般的には購入先の工場を訪問して，品質の安定した材料供給を点検し，「原料の品質保証体制」を確認する。また，納入時に品質保証の「分析データ添付」を依頼する。自社にも受け入れる原材料の「品質チェック体制」を準備する。

通常は存在しない微量な不純物が購入原料に"たまたま混在"し，生産過程をそのまま素通りして製品に混入して，客先にて大クレームとなったケースがある。"非定常"の微量不純物でも，原料～製造～製品の各工程に検出できる検査体制を確保する。

（2）生産工程での品質安定化

生産工程の「安定操業」が品質確保に重要であり，安定した操業が

行える設備を確保する。「故障や摩耗の少ない機器」の調達や「確実に機能する計装システム」の設置等は品質確保の面からも重要である。

操業が安定せず「操業条件に変動」が生じたときには、「操業記録」とサンプリング試料の「分析結果」と照合し、品質への影響を確認する。そのためには、サンプリング試料の解析結果が操業部門へ自動的に転送されていることが望ましい。操業条件の変動と品質への影響を記録し整理・保存する管理体制を確保する。品質異常を引き起こす操業条件は"操業禁止範囲"として、操業関係者に徹底する。

（3）製品の品質保証

製造された製品は品質検査を行い、規格外のものは分別する。規格内の製品は出荷まで倉庫等に保管するが、保管は品質が悪化しない環境を準備する。製品によっては"密閉包装"や"低温保管"等を採用する。

特に空気接触を避けたい製品は、密封梱包や窒素封入缶などを使用する。製品ごとに顧客向けの品質保証体制を確保する。製品の出荷から顧客までの「移送過程の品質安定化」も検討し、必要な対応策を確保する。

＜品質保証への準備事項＞

①原料の品質 　　　：　・購入先の選定，品質保証体制の確認
　　　　　　　　　　　　・受入品の品質チェック，変動の把握
②製造工程の品質 　：　・安定操業の確保，品質の安定化
　　　　　　　　　　　　・操業変動と品質変動の相関把握，変動対策準備
　　　　　　　　　　　　・品質異常を招く「操業禁止範囲」の設定
③製品の品質保証 　：　・製品検査（製造工程，品質管理部門）
　　　　　　　　　　　　・保管環境条件の選定（低温貯蔵，窒素封入等）
　　　　　　　　　　　　・製品包装形態の選定（吸湿防止，密閉封入等）

　　　　　　　　　　　・出荷製品の移送工程での品質変化防止

◉5.5.3　環境への影響検討

　操作条件の設定と品質確保の方策が確立したなら，設定条件での収率や副生物の処理方法等を再点検する。高収率はコストメリットだけでなく，資源の有効利用や環境への負荷低減に繋がるので，収率向上は常に検討する。また，環境への影響は常時監視し，改善を図る体制も準備しておく。

　なお，環境の規制値は地域により異なる。技術的にはどの地域に立地しても対応可能な技術レベルにしておく。また，環境基準は時代と共に変化するので，プラントは環境に与える影響が少ない"優良技術"にて建設する。なお，プロセス開発の担当者は「公害防止管理者」の資格取得が望ましい。

5.6　作業標準・作業手順書の作成と教育

　本プラントの設計・建設の進行により，設置される機器の内容が明確になったら設備の安全と安定した操業方法を検討する。作業手順は「通常時操業」と「異常時対応」の二つを準備する。

◉5.6.1　「作業標準」の作成

　操業時の標準的な操作方法は機器ごとに，安全，品質，収率，環境等設を考慮した操作条件を記述した作業標準を作成する。作業標準には，温度，圧力，流量等の"操業条件"やサンプリングや機器点検等の"監視活動"についても記述する。

　作業標準に定める事項は，小試験，ベンチ試験，パイロットプラントの運転実績に基づいて設定されており，それぞれの設定根拠は明記しておく。本プラントでも操業条件の変更がなされるので，「作標標準の設定根拠」は，将来のためにも明確にしておくと良い。

◉5.6.2 「作業手順書」（Operation Manual）の作成

プラントの各機器につき，操作方法や操作手順を操作性・安全性を考慮して決めて，「作業手順書」を作成する。特に，スタートアップ，通常操作，シャットダウン，サンプリング等の基本操作は図解や写真・動画なども利用して理解し易くし，誤操作を招かぬ表現にする。作業の順番は"番号"を付して，手順書に記述するとわかり易い。

作業手順書は実際に操作する作業員の意見を反映させることが重要。将来，改訂をするときは操業経験をした作業員が主体となって行う。

また，作業手順書は操作室等に配置し，作業者が作業方法を常時チェックできるようにする。

◉5.6.3 非常時対応の準備

標準作業範囲から外れた操業状態が生じた場合には，重大事故防止を目的に早期に正常操作への復帰を図る。異常が継続し重大化する事象には具体的な「危機管理体制」を準備しておく。

設計・建設の段階でも「プラントの危険性」や「操業異常への対応方法」を関係者が周知していると良い。また，非常時の対応に必要な"設備・建屋"の情報は，本プラントの計画・建設段階でも関係者より意見を聴取する。

◉5.6.4 製造担当者（オペレーター）の教育

本プラントの完成が近付き，作業標準や作業手順書が準備できた段階で，オペレーター教育を始める。作業標準や作業手順書の教育は"座学"でスタートしても，ある段階からはプラントにて各機器の操作手順を，現物にて教育する。

作業員教育は「プロセスの構成原理」の解説から始め，「危険性の存在」，「作業標準」の内容と理由，「作業手順書」，「危機対応」の在り方等の説明を行う。座学による教育で，作業内容の理解が進んできたら，

プラントでの「実地教育」へと移行し，個別操作を体験し作業法の改善を議論する。

　作業標準の設定理由はプロセスの原理に戻って逐一説明すると，理解が得やすいと共に記憶に残り，また，緊急時の対応を自主的に行うための応用力が養われる。

　主要機器の構造や制御システムは，現物を開いて点検・観察し理解を深めておくと良い。作業員が現場巡回時に設備異常を発見し易くなり，また，とりあえずの対応も可能になる。

　機会があれば機器メーカー等の協力を得て，ポンプ類等の構造教育の機会を設ける。

5.7　市場性評価

　開発プロセスで生産される製品の市場性を把握することは，パイロットプラント操業での重要な役割である。市場性は市場ニーズへの対応力と価格競争力で評価する。

◉5.7.1　市場ニーズの把握と市場予測

　パイロットプラントにて生産した製品を，多くのユーザーに評価用サンプルとして提供し，ユーザーからの評価を聴取して改善点を把握する。改善要望の多くは，基本物性，加工性，荷姿である。

　ユーザーに評価を依頼する場合，営業部門経由でサンプルを提供し，評価結果は顧客の測定数字や改善要望として営業に報告される。ユーザー評価が行われるとき，可能ならユーザーの評価現場に立会わせてもらうと良い。現場での作業状況や微妙な評価ポイントが直感的に把握でき，また現場評価員の率直な意見も聞ける。

　例えば，プラスチックの成形加工の場合，ゆっくり加工すれば問題はないが，生産サイクルを上げると成形品にヒビが入ることがある。基本的な物性は合格であっても，生産性向上のユーザー要望には対応

できていない。先方の成形温度や成形機械の構造が関係するので，現場立会いをしないと必要な改善点が明確には把握できない。

　また，市場ニーズの把握を踏まえて，短期及び長期の市場予測を行う。未確定要素は多いが，事業化後の10年程度は「需要予測」を描いてみる。投資利益率の推算は，一般的に8年間程度の販売見込みにて計算するからである。

● 5.7.2　コスト要因データの把握

　製品のコストは原材料費，用役費，プラント建設費，修繕・保全費，労務費，環境対策費，管理費等の総計で決まる。プロセス開発の各段階において，原材料，設備，作業員数等のコスト低減の可能性を課題として検討する。

　（1）**原材料費**：原材料のコストはプラント全体の原材料別に「原単位」と「購入単価」より計算する。製品物性や生産工程に問題がなければ，なるべく安価な原材料を選定する。但し，「原材料の安定供給」の確認も重要である。また，安定供給に不安がある場合は，複数の供給先を確保することも必要である。また，原料の購入コストを下げるために，地域にて他社と共同購入するケースもある。

　溶剤などのリサイクル使用する原材料は，「回収コスト」も考慮して選定する。開発プロセスの事業化には効率的な回収工程を採用する。高価な副生物（成分）や少量の副原料などの回収は，外部業者に委託する方法もある。

　（2）**用役費**：主要な用役は，水，スチーム，電力である。

　「用水」は井戸水，河川水，地下水，水道水等を活用するが，プラントの建設立地によって使用状況は異なっている。河川水や海水は一次処理をして使用する。一度使用した冷却水は冷水塔にて温度を下げて再使用する場合が多い。

　使用済みの排水は排水処理を行い外部放出するが，環境基準を十分クリアーできる排水処理設備を確保する。

「スチーム」は自家発電所や近接企業から融通されるケースが多い。不足分を自職場にて発生させる場合もある。安定したスチーム圧が求められる場合には圧力制御を行う。また，スチームは間欠使用される場合も多く，使用量変化への対応方法も検討しておく。

「電力」は自家発電と買電の2ルートを併用するのが一般的である。コンビナート地区では，地域にて共同発電している場合もある。安価な水力発電や排ガス発電はプラントの立地に依存するが，活用が進んできている。買電と自家発電と組み合わせて，供給量の安定を確保することが大切である。但し，買電が供給停止となるケースも想定されるので，緊急時の必要最低電力は自家発電にて確保できると安心である。

（3）プラント建設費：機器，配管，計装，建屋，廃棄物処理，土地，工事費等である。

「機器類」はメーカーからの購入価格を確認する。機器の配置（プロット・プラン）により配管長さ等に差が出るので，平面配置や立体配置の工夫が重要である。建屋類は地盤の条件により基礎工事での補強程度に違いがでるので，土地の選定時に地盤状況をチェックすること。

「建設費」の見積もりは，可能ならば自社にて概略推算をしてから，エンジニアリング会社に依頼をすると良い。プロセスの安全確保に留意して，機器材質，保温材，バルブ仕様，設備固定方式等に必要な費用は投入する。機器によっては「予備品」の確保が必要なケースがあるが，"倉庫予備"か"設置予備"かを選択する。

（4）修繕費・保全費：定期修繕（定修）と臨時修理がある。

「定修」は毎年実施するのが一般的であるが，最近は"2年定修，3年定修"も出てきている。定修時に点検・補修をする機器や配管を決めておくと費用の算出が容易になる。

「臨時修理」の場合，停止する機器の範囲や停止期間を事前に検討する必要がある。

(5) **労務費**：管理・現場の直接要員や分析・設備等のサポート要員の人件費等を計上する。

(6) **環境対策費**：環境対策費は排ガス処理，排水処理，廃棄物処理等がある。また，地域の理解を得るための情報公開の費用も考慮しておく。

「排ガス処理」は，水吸収塔，反応液吸収塔，吸着塔，希釈処理等が採用されている。更に，吸収・吸着された有害物質の最終処理も想定してコスト計算を行う。

「排水処理施設」としては，放散，活性汚泥処理，吸着処理（活性炭吸着，イオン交換等），pH調整等が行われている。排水処理コストも高価であり低減を検討すると良い。また，活性汚泥処理等で発生する二次廃棄物の安全な処理方法も検討し，コストとして計上する。

排水から高価な物質を回収して有償売却してコスト低減を図るケースもある。例えば，銅イオンを含む排水路にクズ鉄を投入しておくと，銅イオンがクズ鉄表面に析出する。銅が沈着しているクズ鉄を，銅精錬メーカーに提供すると有償で買い取ってくれるので，クズ鉄投入法は排水中の銅イオンの低減だけでなく，コスト回収のメリットもある。

「廃棄物処理」は，自社内での焼却処理や埋設処理をまず検討し，次に，外部処理を依頼する。量が多い場合は，「自社内処理」が確実で安価な場合が多い。「外部処理」も地域が共同で実施しているケースもある。完全外部処理の場合，確実性と処理費用を十分に吟味・検証する。

5.8 本プラントの建設費

◉5.8.1 立地の選定

本プラントの建設候補地の選定は，原材料入手，用役確保，市場への製品供給体制，地域環境，法規制，労働力確保，従業員の居住性等

の多くの要因を考慮して行う必要がある。いずれの課題も本プラント
の稼動コスト，事業の競争力確保，ユーザーサービスに影響を与える。

　地域環境への配慮や法規制対応では，中央官庁・地域行政や住民と
の丁寧な話し合いが求められる。環境規制が緩いことを"活用"する
立地選定は好ましくない。地球環境の視点も必要である。また，従業
員の生活や子弟の教育環境にも配慮すること。

◉5.8.2　本プラント建設費の見積もり

　本プラントの「建設費」は，多くの場合エンジニアリング会社に「見
積もり依頼」する。原材料・製品の特性，PFD・P & ID，機器リスト，
ブロットプラン，用役供給条件等の情報提供が必要である。

　「機器の調達」を含め全てをエンジニアリング会社に任せることも
あるが，自社独自に開発または選定した機器は，自社調達して支給す
る方がコスト的にも詳細仕様の選定上も好ましい。

　提出された見積書は丁寧に内容を精査する。コスト査定（機器，建
屋，配管，倉庫等），必要工期，作業要員の人数，法規制対応（緊急時
避難路等），プラント敷地面積，建設用の作業用地等を詳細に検討し，
必要ならば修正を提案する。なお検討には，設備部門，製造部門，技
術部門，環境保安部門等も参加することが望ましい。

5.9　事業性の検討

　市場ニーズと生産コストのデータに基づいて，事業性を検討し本プ
ラントの建設可否を決める。事業性は将来の「販売予測」や「長期的
成長性」等の想定を踏まえて経済性の判断を行う。

　経済性判断は「製造コスト」と「売価」より行うが，これ等は生産
量や販売量にも依存するので経年変化を計算し，通常は 8 年間程度の
予測値を算出し判断資料とする。

◉5.9.1 製造コスト

製造コストは，原材料費（原材料価格，収率等），用役費，人件費，設備償却費，設備保全費，管理部門費，研究開発費等より計算する。生産量や稼動率に依存するコストもあり，初年度〜8年目の販売量を仮定して各年度の製造コストを計算する。

◉5.9.2 販売数量

市場調査のデータと製品の成長性より販売量は設定するが，明確には決められないことが多い。その場合，将来販売量を"低，中，高"の3段階程度のケースを想定して，経済性を検討することもある。

なお，「ユーザーの現場や営業部門」と「自社営業部門」が打ち合わせを行うときに，プロセス開発担当者も自社営業員に付き添ってプロセス技術開発の担当者が参加すると，製品化，用途，市場性などの市場情報が直接得られ，市場の将来展望が描く手助けとなる。

◉5.9.3 経済性の検討

事業性の判断は"投資利益率"や"資金回収年数"等の値を試算して行うのが一般的である。利益率には"借入資金の金利"が大きく影響するので，金利の変動が大きい場合には"高めの金利"を仮定すると安全といえる。

本プラントの経済性判断の指標である"投資利益率"や"資金回収年数"は，企業・業種によって判断基準が異なっている。短期回収を求める製品と長期的な事業発展を期待する投資では，基準に差がある。

例えば，8年間の投資利益率にて投資の良否を判定する場合は，「投資利益率が10〜15%」程度が計画実施の目安になることが多い。また，長期的な事業展開を重視して，当面の利益率は低くても（0〜5%）計画推進を決断することもある。

5.10　本プラント計画の課題と推進体制

　本プラントを「計画し建設」するには，技術的な検討だけでなく，エンジニアリング会社との折衝や官庁申請等の業務が必要となり，多くの部門より多数の人材が参集する。頻繁に全体会議を開いて打ち合わせをするが，日常的には各専門の担当者が課題を担当し業務を推進する。

　但し，時間的な制約があるので課題ごとに期限を決めて，全体を計画的に推進していく。そのためには，本プラントの計画の「課題，担当，期限等」を一覧表に明記し，常に状況を把握し全課題の順調な推進を図る。

　本プラントの計画・建設を多くの分野（研究，製造，設計・電気・計装，環境・保安，総務，営業等）の人々協力を得て，計画通り推進した例を簡略化して参考までに**表5−2**に示す。

表5−2　本プラント建設計画の課題と分担（例）

工　程	検討項目	検　討　内　容	期限	担当
1.　原材料	①原料手配準備	スペック決定，使用予定量，購入先選定	8カ月	B
	②受入貯槽設備	原料タンク仕様，窒素シールシステム	3カ月	BCDG
	③貯蔵設備	原料貯蔵，触媒貯蔵	1カ月	CE
2.　原料溶解	①原料粉砕	粉砕機仕様（乾燥），保安対策	3カ月	CE
	②原料溶解	溶解槽仕様，ゴム投入法	1カ月	BCDE
3.　M溶解	①M溶解	溶解槽仕様，M計量法	2カ月	BE
4.　重合工程	①重合缶仕様	翼仕様，M添加孔，TIC位置，L/D	済	BDE
	②昇温方法	加熱方式，昇温時間	済	BCD
	③除熱	熱収支，TICシステム，操作方法（Reflux法）	済	BDG
	④液移送	操作方法（含，ホールド缶），移送配管	1カ月	BCDG

5. 変性化行程	①変性缶仕様	翼仕様, 設計条件（圧, 温度 etc）	済	BE	
	②昇温, 冷却	熱収支, 昇温・冷却システム, 操作方法	済	BEGB	
	③液輸送	操作方法（含, ホールド缶）, 移送システム	1 カ月	BCDE	
6. ホールド缶	①ホールド缶仕様	翼仕様, 缶底形状, 設計条件	済	BE	
	② Flash 濃縮	流量制御, ノズル形状, 操作法（含, 熱交）	1 カ月	BCEG	
7. 脱揮行程	①脱揮器仕様	脱揮器（翼, ベント）, 配缶設計（ベント系）	済	CE	
	②脱揮システム	熱収支, 熱媒システム（配缶, ポンプ etc）	済	CD	
	③脱揮システム操作	フィルター仕様, フィード法（FIC etc）, 停止法	1 カ月	BCEG	
8. 粉砕・袋詰工程	①粉砕	粉砕機仕様, 配缶・除塵設計, サイロ仕様	3 カ月	CE	
	②袋詰	方式・機種, 倉庫, 出荷システム, 空輸	3 カ月	CE	
9. 溶剤回収行程	①溶剤回収	回収システム, フィルター仕様, タンク仕様	済	BCE	
	②蒸留設備	ポリマー除去, 蒸留塔設計	1 カ月	ADEG	
	③洗浄溶液	洗浄方法, 溶剤精製システム	済	ACDE	
10. 熱媒	①加熱炉設備	熱負荷量, 設備仕様	1 カ月	BE	
	②加熱システム	システム・配管設計, 操作・計装, 冷却法	済	BCDG	
11. 真空	①真空システム	排気量, システム設計, ポンプ仕様・台数	1 カ月	BE	
12. ユーティリティー	①窒素システム	使用量算出（質・量）, システム設計	3 カ月	BE	
	②工水, IA, PA	個別使用量, システム設計	3 カ月	BE	
13. 環境保安	①環境対策	①排出量・濃度（ガス・液・固）, 処理法	3 カ月	BE	
	②保安対策	①安全性評価, 爆発・火災対策	3 カ月	BEGH	
	③保安設備	③緊急時対策・設備, 防消化設備	3 カ月	BCEF	
14. 工程管理	①工程管理システム	①方針決定, 設備方針, 必要機器選定	2 カ月	ACEG	
15. 予備品	①予備品の確保	個別機器方針, 予備品置場	3 カ月	CEH	

16. 付属機能	①付属設備	分析器・室，休憩所，ロッカールーム	3 カ月	ACE
17. 基礎資料	①プロセスデータ ②物性データ	物質収支，熱収支，原単位 物性定数，物質特性	3 カ月 済	ABE B
18. 詳細設計	①機器・配缶 ②電気・計装 ③土木・建築	仕様・サイズの決定，図面 詳細設計，図面 仕様（建屋，ラック，防油堤，道 etc），設計	8 カ月 6 カ月 5 カ月	EF FH DFI
19. 官庁申請	①消防・石災等 ②公害・建築	ヒヤリング（三省，自治体），申請，折衝 申請準備，折衝	8 カ月 6 カ月	BEJ BEIK
20. 図面・設計書	① PlotPlan，PFD PID ②仕様書，リスト	最終検討，製図 機器計算書，仕様書，リスト（機器，計装）	2 カ月 3 カ月	BCDE AEGH
21. 見積・発注	①ケース（自社主体） ②ケース（エンジ会社活用）	単体機械見積，配管設計・設備配置，設備発注 見積依頼，プロセス設計，エンジ会社選定，発注	2 カ月 3 カ月	ADE ADE
22. 工事	①先行工事 ②建設工事	詳細設計，工事（近接設備定修時実施） 土建，機器設置，配缶，電気・計装，保温，塗装	3 カ月 16 カ月	AEFH BCDF
23. 運転準備	①機器調整 ②作業員教育	建設立会，機器点検，作動点検 技術説明書，OSN，作業手順書，安全規定等，作業員教育実施	16 カ月 16 カ月	BC AC
24. 運転	①試運転 ②本運転	試運転実施，不具合点検・補正 本運転実施，稼動点検，操業成績評価	18 カ月 20 カ月	BCEH BCDEFGH

（24 区分）　　　（50 項目）　　　（検討内容 130 以上）　　（20 カ月）（11 名）

<注記> ・期限の「済」：パイロットプラントの試験段階にて作成済
　　　　・担当者 11 名の内訳
　　　　　　A/リーダー，B/研究，C/試験主任，D/設備リーダー，E・F/設計
　　　　　　G・H/計装，I/電気，J・K/環境保安・総務

<コラム>『開発計画と担当グループの確保が技術開発を促進する！』

　千葉工場では比較的短期間に，多くのプロセス開発を行って本プラントを次々と建設した。現在でも5プロセス・10プラントが，国内外で稼働している。スピーディーな技術開発を可能にした要因として二つのことを考えている。

　第一はプロセス開発を複数行う長期計画（10年間）の作成であり，第二はプロセス開発を担当する"専門グループ"の継続的確保である。プロセス開発に精通したメンバーが研究部門（新村さん，渡部さん，藤原さん等）と設備部門（渡辺さん，持田さん名等）より集まり，かつ長期間に"固定"して活動した。素早いプロセス開発には，メンバーの適切な役割分担と自主的な行動が肝要である。何年も"同じ顔"を合わせて開発活動をしていると，自ずと各人の役割が定まってくる。

　長期計画が提起されているので，次に自分が担当する課題は見えている。パイロットプラント試験をしながら，本プラント建設に関与し更に，次のテーマのベンチ試験の準備も進めることができる。"仕事が趣味の連中"は，自らの課題を設定して自主的に動き廻っていた。

　結果として「2個のパイロットプラント」を保有し，次々続くプロセス開発ではパイロットプラントを交互に模様替えして技術開発を促進させた。この様なプロセス開発グループの活動により，技術開発はスピーディーに進展し，本プラントの「竣工式」と次の本プラントの「起工式」を同じ日の午前と午後に行ったことがある。神主の祝詞や各部門の祝辞の次は，"盃"での乾杯となる。"乾杯"と大声で発声しながら，竣工式では心の中で「技術完成，万歳！」と叫び，起工式では「工事は，ご安全に！」と願った。

　迅速に複数のプロセス開発を行う場合は，『長期的な開発計画と担当グループの確保』が大変有効と思われる。

　余談だが，長くプロセス開発に携わっていた仲間同士の絆は，数十年後も続いている。

第**6**章

本プラントの操業と課題
−成果の実践−

6.1 安全・安定操業

6.2 市場対応と供給責任

6.3 品質改善

6.4 プロセスの改善，操業方法の改善

6.5 人材育成

6.6 データの蓄積

6.7 緊急時への対応（内部要因と外部要因）

6.8 法令等への対応

6.9 各担当部門の役割

本プラントが建設され操業が開始されても，本プラントの役割である「安全操業，安定生産，供給責任，経済性確保等」を果たすために，プロセス改善や各種改良は継続する。プロセス開発は技術検討で終わるのではなく，開発した技術がより多くの社会貢献を果たすための改善努力が必要であり，これは開発担当者の責務である。

6.1　安全・安定操業

最近の化学産業等では『安全優先』が掲げられ，「経営層，管理層，現場」が協調して，安全・安定操業を目指す活動を推進してきている。本プラントでの生産活動を通して，「社会貢献」と「企業収益」を確保するには，生産現場での"安全の確保"が最重要である。

◉6.1.1　安全の確保

安全の確保に最も重要な課題は，「製造工程に存在する危険性」の把握である。また，生産活動に対する「安全重視の意識」である。プラントに内在する危険性を理解して，安全操業を行うのに必要な課題を挙げてみる。

（1）取扱い物質の危険性　：　発火性，有毒性，爆発性，飛散性等
（2）プロセスの危険性　：　異常反応，火災・爆発，漏洩等
（3）設備の危険性　：　設備の保全状態，稼動機器の危険性等
（4）作業の安全確保　：　作業基準・作業手順の安全性，安全教育等
（5）関係者の安全意識　：　経営層・管理層の関与，作業員の安全意識・行動等

「物質やプロセスの危険性」については，知識・経験を持つ者が使用している物質の危険性について，関係者（含，管理職・作業員）に説

明し，議論通して理解を深めると良い。一方的な教育だけでは理解度や記憶度に不十分さが残る。

「設備や作業の危険性」は，法規制や作業標準に対応方法が記述されているので学習可能である。

「関係者の安全意識」は，「経営〜管理〜現場」の相互交流を行い，安全上の課題を共有して事実に基づき対策を検討することで強化される。

"安全なプロセス"を開発したと考えていても，次の三つの「安全活動指針」を参考に，安全への更なる努力を継続する。

①『絶対安全はない』　　　　　：　「危険は常に存在している」
②『自分の安全は自分で守る』　：　「自分達のプラントは自分達で守る」
③『安全は"技術×意識"（Skill×Mind）で確保する』　：　「安全への価値観が重要」

安全に十分配慮してプロセス開発やプラント建設を行ったとしても，どこかに見落としや不十分な点が残り，事故発生の可能性はゼロにはならない。危険性は常にあり，「絶対安全は存在しない」ので，常に"危険の存在"を意識して，操業に当たる。

担当者は「プラントの安全は自分達の責任」として，安全性向上のための活動をする。更に，全員が「"安全は重要"との意識（安全文化）」を持ち，不安全行動による事故を防止する。また，一人ひとりが「考える安全」の重要性を知り，行動をするように教育する。

例えば，「設備の危険性」は，機器の構造と機能に基づいて把握する。設備点検や作業改善を行うときに，作業方法を決めた理由を理解していると，興味を持って前向きに作業が行える。

「安全の確保」は現場だけでなく，経営層や管理層の安全への関与が必要である。「経営層」が安全理念・方針の提示し，「管理層」が生産組織や人材配置等に配慮すると，「現場」は安全の維持・確保の活動を大きく推進することできる。

＜安全確保の役割分担＞
①経営層 ： 安全の理念・方針提起，人材・資金・設備の供給
②管理層 ： 設備改善，作業改善，安全教育，現場活動の点検
③現　場 ： 安全に生産活動を実施

なお，抽出されたプラントの危険性については，関係者で議論し対策・方針を決める。議論より得られた結論は必要により手順書へ記載し，ノウハウとして共有化する。

6.1.2　安定操業の維持

安定した操業を維持・確保するためには，人及び設備の状態を良好に保つと共に，次の課題に実施する。

(1) 作業員のやり甲斐　：　個人の尊重，現場提案の奨励，表彰制度等
(2) 設備の保全　：　設備の日常点検，定期点検，修繕予算確保等
(3) 関連職場との協調　：　研究〜製造〜設備〜環境保安の連携

「作業員のやり甲斐」の確保は安定生産の基本である。命令や使命感だけでは安定した作業の継続は難しい。自主的な意見・提案を推奨し採用すると，一人ひとりが「自己の存在価値」を知り，自主的な安全活動が継続される。また，価値ある提案活動をして，安全・安定な生産に寄与している職場・グループ・個人は表彰する。表彰は一人ひとりが持つ「自己実現の意欲」を高めると共に，職場全体の活動意欲も高まる。

設備を良好な状態に維持しなければ安定生産は不可能である。「設備維持」には現場作業員による"日常点検"や設備担当者による"定期点検"は必須である。また，現場での「リスクアセスメント」は，作業安全や設備保全の重要さを知る絶好の機会であり，管理者や技術

者も積極的に参加すると良い。

　生産部門〜研究部門〜設備部門間での「コミュニケーション」は重要である。現状の設備維持だけでなく，将来に向けての技術や設備の改善にも役立つ。かつ，部外とのコミュニケーションは，広い絆と明るい職場作りにも有効である。

6.2　市場対応と供給責任

　供給責任を果たすには，安全・安定操業を行い，「市場」が求める製品を品種別に生産し出荷する必要がある。

◉6.2.1　市場対応

　生産を開始した製品の販売状況を生産部門は営業部門と頻繁に協議し，グレードごとの「生産計画」を立てる。必要な生産量に基づいて原材料や生産体制の準備を行い，更に「在庫量」や「出荷体制」も確保する。また，在庫や出荷を担当する工場の「業務部門」との情報交換を行う。

◉6.2.2　供給責任

　市場のニーズに即応する生産計画に基づいて，製品の供給責任を果たす。製造部門は設備の「操業データ」を整理すると共に，生産された「製品の品質」を点検し記録に残す。稼動状況や品質に異常が検知された場合は，速やかに修復を図る対策を施し，供給への影響を最小限にする。特に，品質管理部門と設備補修部門が参加する「緊急時対応」が重要である。

　生産実績，供給先，設備課題，市場クレーム等の生産活動に関する情報を日常的に入手・整理して，関係者全員で共有し供給責任を果たしていく。

6.3 品質改善

顧客が求めるのは製品の品質である。品質の安定した製品を供給するだけでなく，変化する「市場ニーズ」への対応にも心掛ける。

◉6.3.1 安定品質の確保

プラントでの生産の開始時は，顧客より求められる品質を供給できる操業条件の確立をまず図る。生産を継続しながら，"原料組成〜操業条件〜製品品質"の相関データを集積し整理する。この情報より，品質にズレが生じたときに，速やかな正常への復帰が可能となる。また，品質改善の要求に対応した処方の変更にも活用できる。なお，原材料の「品質の保証」を供給先より受領しておくと良い。

原材料の「品質安定度」を自社でも分析し確認する。また，「操業条件の変動」が品質に及ぼす影響を詳細に検討し，品質変動の許容範囲に対応する本プラントにおける操業条件の「許容変動幅」を確認する。生産された製品の品質を分析し，必要があれば「品質保証データ」に添付する。なお，ユーザーにより使用目的が異なるために，ユーザー別の「許容品質幅」を把握しておく。

◉6.3.2 品質改善（市場ニーズ対応）

社会の変化と共に市場ニーズも変化する。この変化に対応しなければ，製品の価値が低下し，ついには事業性の喪失となる。品質・性能を市場ニーズに素早く対応することが大切である。

販売量が減少し始めて初めて気が付くのでは遅い。化学品は納品先のユーザーが加工して市場へ供給している。市場ニーズの変化をユーザーと共同して把握する努力が必要である。そのためにはユーザーとの意見交換に自ら参加し，品質・性能の動向を詳細に把握し，対策検討を早めに始める。

　市場ニーズの変化への対応は，「操業条件の変更」や「添加剤の変更」で対応可能なら，比較的短時間にて結果が出せる。但し，場合によっては「化学組成の変更」や「プロセスの改良」まで戻ることがある。品質・物性を化学組成に基づいて改善するには，小試験からベンチ・パイロット試験にて蓄積してきた"化学反応〜組成・構造〜物性"の解析まで戻り実験・検討をすることになる。そのためには，化学反応や物性に精通した人材を本プラント操業段階でも確保しておくこと。また，過去の実験データは素早く参照できるように取りまとめておく。

　市場対応の「新規グレード」は化学品の加工メーカーと共同して，市場ニーズへの適合性を検討する。また，製品の要求物性が変化した要因を把握すると，市場動向に対応する品質改善が的確に実施できる。

　新規グレードの試作を本プラントにて実施することもあるが，通常はベンチ試験設備にて検討しサンプル供給するのが効率的である。よって，本プラント稼動後も「ベンチ試験設備」を維持しておくことが，市場対応力を確保するために望ましい。

　また，反応そのものを検討するには，多くの試験が必要となるので，小試験での実施が現実的である。市場変化に対応して「事業の発展・拡大」を図るには，小試験やベンチ試験の知見が重要であり，試験設備と共に研究者（兼務可）の維持も必須である。

6.4　プロセスの改善，操業方法の改善

　本プラント稼動後でも安全性向上，競争力確保，環境対応等のため，プロセスの改善や操業技術の持続的向上が求められる。

◉6.4.1　プラントの設計と実操業との差異点検

　本プラントの「設計値と実操業データとの差異」を点検して，プラ

ント設計の精度を確認する。プロセス設計では，主要現象をモデル化し理論計算するので，副次的な現象を考慮しないことがある。よって，プロセス計算にて得られる数値と本プラントでの実測値には，通常数％の差が見られる。

　反応，蒸留，混合等の単位操作ごとに，設計値と実測値を比較してプロセス解析や設計手法の精度を確認する。設計値と実測値に差がある場合は，その要因を検討する。この点検により，各単位操作の解析精度やプロセス設計時の不十分な点を把握し，操業条件の変更や機器の改善を行う。また，その知見は次のプロセス開発に役立つ。

　各単位操作について，「設計値と実測値」を点検することは，自分達のプロセス開発力の強化のためにも重要である。

(1) 反応装置

　反応器は規模が大きくなるに従い，全体的に「除熱能力」が低下する。設定温度の維持が実現されているか，または維持するための冷却機能は適切かを定量的に点検する。設計値と実測値に差異があれば，その理由も検討する。また反応器が大きくなると，「反応系の均一性」が乱れてホットスポット等が発生する可能性があるので，反応場の均一性も調査する。大型化した反応器での生産性もチェックする。混合状態の影響を受ける「単位体積当たりの反応量」について変化の度合を確認する。必要により操業条件（撹拌，温度，濃度等）の調整を行う。

(2) 蒸留装置

　蒸留塔の場合は還流比や段効率の設計精度を点検する。「還流比」は蒸留塔のエネルギー効率や処理能力に直接関連する操作条件である。蒸留設備の設計・選定が適切であったかをチェックする。「段効率」についても設計と実際との差異を把握し，棚段の性能チェックを行う。また，「製品の純度」が目標を満たしているかを確認し，場合により運転条件を調整する。操業状況のデータを点検することは蒸留装置の分離性能が把握でき，今後の蒸留装置の設計・改善にも貴重なデータと

なる。

（3）混合装置

混合装置では，「混合時間」と「均一度」の関係を検討し，装置選定の良否を調べる。一般的には混合装置での混合性能は装置の大型化により低下する。混合系の目的がマクロ混合（全体の均一混合）とミクロ混合（分子オーダーの微細混合）のどちらを重要視するかにより，混合装置の選定はなされているので装置選定の適否を検討する。装置の選定により混合度の達成時間に大きな差が出るので，必要があれば設備改善を行う。

◉6.4.2　プロセスの改善

プロセス開発を終えて本プラント操業に移行しても，各方面から更なるプロセスの改善要望が来るので，技術改善のチャンスとして積極的に取り組む。

「市場からの要望」として，価格，製品性能，ハンドリング性，新グレード供給等が出される。原料の成分変更，操作条件の変更（温度，圧力，混合法等）でまず対処し，必要により単体機器の仕様変更や配管の変更等の機器類の改良をも行う。「自社内からの要請」としてはコスト削減，省力化，操作方法改善等が提起される。また「地域への対応」として環境負荷低減，騒音防止等がある。

反応が関与する「コスト削減」には収率向上，安価原料への転換，副生物の効率処理等がある。この場合，反応解析や物性確認が必要となるので，小試験等に戻り検討することになる。また，「プロセス変更」を伴う改善の場合は，本プラント又はベンチ試験設備にて実証試験を行う。「単体機器」の入替えの場合は機器メーカーにてテストを行うと良い。撹拌翼や冷却方法等の「部分変更」は関係者の議論にて決定する。

「環境負荷」の低減は，反応系や副生物処理方法の改善で対処する。プロセス改善や機器類の変更は，小試験から実施してきたプロセスの

開発経験や理論的考察を活用して対応し，技術競争力の向上を継続する。

◉6.4.3　操業方法の改善

作業の安全性向上や省力化等のため，「操業方法の変更」を行うことがある。作業手順書で作業の大枠は決まっていても，作業員によって細部の作業方法が異なる場合がある。関係者が実情を踏まえて話し合い，最も安全で効率的な作業方法を選定する。更に，作業の安全や簡易化のために必要な「設備変更」は，変更管理のルールに基づき実施する（例，サンプリング箇所）。作業方法の変更や設備改善では「操作性の向上」と「作業負荷の低減」が課題となる。

設備の異常・故障のデータを蓄積して「設備の不具合」を事前予測する方法を見出せば，設備の故障や漏洩等を予防することが可能となり，作業負担の軽減に繋がる。故障や異常が多発する機器については，設備部門と協議して改善を図る。

6.5　人材育成

本プラントでの実生産経験を踏まえて，個人及び組織の能力向上を継続する。組織の体制整備に加え，作業を行う個人の育成を重視して組織全体の力量向上を図る。

◉6.5.1　プロセス教育

生産開始に当たり，管理職及び作業関係者にプロセスの構成と操業条件の目的につき，プロセスの開発担当者より概要を説明する。この時，プロセスや設備が持つ「危険性」についても理由を含め解説する。特に，爆発性，有害性，環境汚染性を有する物質やプロセスについては，十分な理解を得る努力をする。

また，操業要員には作業現場にて各操作の手順や意味を，一方的な

説明ではなく，会話をしながら解説すると理解が深まる。この時，機器リストやサンプリングリスト（場所，時間）を活用すると，現場作業への親近感が皆に醸成される。「プロセス教育」では PFD や P & ID を用いて説明すると製造工程の全体像が把握し易い。

また，生産活動を経験し操業に熟達してきた作業員には，工程別の「作業熟達者」として"認定"する現場もある。この「作業員認定制度」により職場全体に技術向上への意欲が広がり，技術の継承にも役立つ。

◉6.5.2　安全教育

経営・管理・現場の各層が「安全優先」を表明し，安全活動に取り組むことが重要である。現場関係者には取扱っている物質や作業の危険性を周知するだけでなく，関連する安全資料（作業標準，操作禁止範囲，非定常作業のリスク等）を整備して，誰もがいつでも回覧できるように現場が保管する。

物質や作業の危険性を自覚するには，「体験・体感教育」が有効である。また，「災害事例」や安全活動の「良好事例」を収集し，回覧や討議資料とする。安全教育は社内だけなく「社外教育」も活用する。社外にて他社の人と接触し経験交流すると安全への視野が広くなる。

安全に関係する各種法令（労働安全衛生法，消防法，高圧ガス保安法等）についても現場作業に必要な「法規制」の項目を説明し，決められている作業の遵守を呼びかける。また，「ヒヤリハット・改善提案」等の安全活動を推奨し，作業員一人ひとりの「自主活動」による安全意識・安全感度の向上を図る。「改善提案」や「良好な安全活動」への表彰は関係者の自主的な安全活動への意欲を高める。

現行プロセスの開発段階で経験した事故事例は，現プロセスに直接関係する身近な例であり大いに参考になる。今後のプロセス開発にも参考に，実験設備にて発生した具体例を記述する。

①「ドラム缶での発火」　：　サンプリング廃液や使用済モノマー等

を貯めていたドラム缶が"真夏の炎天下"で自然に重合し発熱・発火した。その後，廃液の長期保管の禁止と重合禁止材の添加をルール化した。

②「サンプリング時の液浴び」：　サンプリング作業時にバルブより溶液が噴出し，作業員が液を浴びた。パイロットプラントに設置のシャワーにて，すぐに洗浄し障害を免れた。化学品を扱う設備（含，実験設備）には，シャワーの設置を厳格化した。

③「断熱材での発煙」：　実験プラントの配管を被覆している断熱材より煙が発生した。作業時に漏らした溶液が断熱材に浸み込み，長期にわたり分解・蓄熱し，夏場に発煙した。溶液の漏洩箇所の後処理は，徹底して行うことを全員で確認した。

6.6　データの蓄積

生産活動時に"各種データ"を蓄積して，将来の操業改善，安全レベル向上等に役立てる。今後，ビッグデータやIoT，更にはAIの活用も想定されるので，生産，操業，トラブル等のデータを整理しておくことは重要である。生産活動や異常時対応等の実績データは電子情報としてコンピューターに蓄積し，必要なときに参照できる様に整理しておく。

◉6.6.1　安定操業のデータ

プラントの「操業条件と結果」の相関を全操作・全機器につき蓄積し整理する。

①操業条件（温度，圧力，流量，回転数等）と操業結果（生産量，品質等）の関係

②操作条件を変更したとき，各操作の応答速さ・追従性

③「安定な操業」と「正常な結果」が達成される操業条件の範囲（最低値，最高値）

◉ 6.6.2　非定常時のデータ

操業及び品質の「事故・異常発生時」の操業状況は，発生回数が少なく貴重なデータであり，その後の操業条件設定時には「回避すべき操業条件」として継承する。

①品質異常が発生した操業条件・操業状態

②設備故障・事故・漏洩等の異常が発生したときの操業状態

③地震等の外乱時の操業状況（操業変動，異常発生）

◉ 6.6.3　環境データ

定常状態及び不安定状態での環境への負荷変動（廃ガス，廃液，固形廃棄物，温暖化ガス等）を把握し，環境負荷が極小となる条件を常に検討する。

①安定操業範囲での環境負荷排出量

②非定常時の環境負荷排出量（負荷変動，緊急停止，スタートアップ，シャットダウン）

6.7　緊急時への対応（内部要因と外部要因）

自社の「内部要因」による事故・異常だけでなく，地震・津波・テロ等の「外部要因」に由来する異常事態への対応も準備しておく。また，異常事態発生時の地域との情報交換や連携活動についても検討する。

◉ 6.7.1　緊急時の想定

開発したプロセスやプラントが持つ危険を列挙して，「緊急時の事故極小化」の対策を整理する。また，「緊急時の連絡先」や「緊急対応の組織体制」を決め，明文化し周知する。緊急対応の機能として，工場管理組織（工場長，総務部門等），工場内の防災機関（環境保安部，

自衛消防組織等），各部門内（製造現場，研究部門等）での対応組織を整備し，指示・命令系統や活動内容も訓練をする。

　なお，工場の現場責任者は緊急時には事態対応に多忙となり，各方面への状況報告が困難となる。現場と工場本部との「連絡チーム」（研究要員等を活用）を設けて，工場内の各組織との相互連絡網を確保する。

◉6.7.2　外部・地域への対応

　情報の連絡先は工場内，本社，地元（町内会等），近隣企業，官公庁（市役所，県庁，監督官庁），マスメディア等であり，連絡のルートや担当者を決めておく。

　事故・災害等の状況により，地域自衛消防（町内会，コンビナート等），地域自治体の消防等が支援にくる。また，報道機関に対応する窓口を設置（通常，総務部門担当）する。状況の発表はなるべく速やかに行い，定期的な情報開示に努める。企業のホームページ（HP）にも，状況報告を逐次掲載すると，風評的な誤解の発生が防止できる。

◉6.7.3　内部（自社）要因の緊急時対応案

　化学企業の事故として，蒸留系での機器トラブルが発生し生産の大幅削減を行うべきときに，「スチーム等の削減」を行わず，通常の操業条件を維持したために大事故が発生したことがある。生産状況を大幅に変更せざるを得ないときには，「安全最優先」の対応策を決めておく。緊急対応はわかり易く記述し，現場に常備しておく。

　「自社内事故」の場合は発生原因が想定できて，発生時の情報伝達も比較的容易であり，緊急連絡先や社内協力体制を準備しておく。「緊急体制」は製造現場，工場，本社に対応組織を確保し，速やかな処置を可能にする。この場合，事故が発生した工場内での指示・命令系統を明確にした組織が重要である。なお，地域防災組織を編成しているコンビナート地域等では，地域連携の防災機能の活用も考慮しておく。

「事故状況」の変化や「対応経緯」を時系列的に“白板”に記録し残す。記入は誰でも可能にし，多くの部門が状況を順次記載する。記入されている“事実”に基づいて，社内・社外（含，地域・官庁・マスメディア）への報告を速やかに行い，誤報の発生を予防する。また白板の記録は，事後の「原因調査」や「対応履歴」等の検討に大変役立つ。

● 6.7.4　外部要因による緊急時対応案

　地震，津波，豪雨などの自然災害に伴う製造現場の緊急時対応策は，状況の程度により対応が異なるので想定が難しい。

　生産設備は耐震設計基準にて建設されており，化学プラントが地震により直接大破するケースは日本では少ない。但し，配管の損傷は報告されている。また，埋立地では予想をしない液状化現象が発生しているので注意が必要である。津波は地域ごとに想定される“波高”が提示されているので，それを目安に防波堤の高さ等を決めておく。なお，豪雨により河川の堤防破壊が生じる可能性がある河川流域では対策を施す。

　外部要因の災害は地域との情報共有化が大切であり，地域の町内会や自治体との連絡網を日常的に確保し活用する。

　海外では外部テロ対策として工場地域への立入りを厳しく規制しているケースもある。また，コンピューターへの侵入対策も最近は実施され始めている。

6.8　法令等への対応

　プロセス開発・本プラント計画・生産開始の各段階では，法令の規制や推奨事例を参考に業務を進める。国内と海外では法令の理念や体系に違いがある。また，社会的文化や価値観も異なるので，海外進出時には広い視点での対応が必要となる。

◉ 6.8.1　国内法への対応

　化学工場の「設備，生産，雇用」に関係する法令が監督官庁別に制定されているので，各官庁と接触し法的な了解を得る必要がある。関連法令として，労働基準法，労働安全衛生法，消防法，高圧ガス保安法，火薬類取締法，毒物劇物取締法，危険物輸送関連法，建築基準法，廃棄物処理法等がある。本プラントの計画時に法的な対応を一通り検討しているが，実行段階でも最終確認を行う。

　各法令につき社内・工場内での担当部門が決められている。新プラントの建設・操業に当たっては，各担当部門（総務，技術，設備，環境保安等）と連携し許認可等の作業を進めていく。また，本プラントが立地する地方自治体（市，県）の「産業監督部門」に，事業の概要を説明に行くこともある。

　各官庁との接触時，アドバイスや指導を受けることがある。その場合には，速やかに関係者にて対応案を作成し，当該官庁に回答書を提出する。

◉ 6.8.2　海外情報の把握

　最近は海外展開している化学企業が多いので，海外でのプラント建設・操業に関する法令対応に慣れている企業もある。それでも，海外立地の場合は，現地の専門家（コンサルタント等）に依頼して，計画の推進を図ることになる。

　基本的には海外でも日本での安全設計は受け入れられる。ただし，防災の考え方に差がでることがある。例えば，日本では消化栓は対応の迅速さを考慮して工場敷地内に均等配分する傾向があるが，シンガポールでは災害の最小化を意図して燃焼発熱量の多い個所に重点配置している。

　今後は日本の化学企業の海外進出が増加するので，企業として海外情報の収集に努めておくことが望まれる。

6.9　各担当部門の役割

　プロセス開発と本プラント建設に関与してきた各部門は，本プラントの操業においても役割を継続する。但し，各部門の役割は変化するので簡潔に整理してみる。

　＜本プラントの推進体制と役割＞

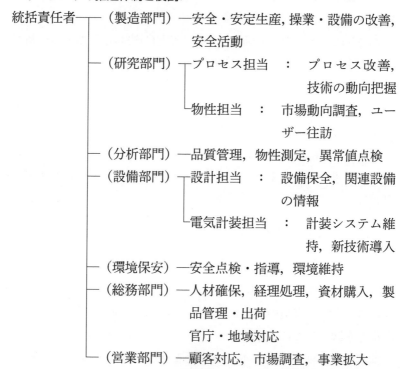

統括責任者────（製造部門）──安全・安定生産，操業・設備の改善，
　　　　　　　　　　　　　　　　　安全活動
　　　　　　　├─（研究部門）┬プロセス担当　：　プロセス改善，
　　　　　　　　　　　　　　　　　　　　　　　技術の動向把握
　　　　　　　　　　　　　　　└物性担当　：　市場動向調査，ユー
　　　　　　　　　　　　　　　　　　　　　　ザー往訪
　　　　　　　├─（分析部門）──品質管理，物性測定，異常値点検
　　　　　　　├─（設備部門）┬設計担当　：　設備保全，関連設備
　　　　　　　　　　　　　　　　　　　　　　の情報
　　　　　　　　　　　　　　　└電気計装担当　：　計装システム維
　　　　　　　　　　　　　　　　　　　　　　　　持，新技術導入
　　　　　　　├─（環境保安）──安全点検・指導，環境維持
　　　　　　　├─（総務部門）──人材確保，経理処理，資材購入，製
　　　　　　　　　　　　　　　　　品管理・出荷
　　　　　　　　　　　　　　　　　官庁・地域対応
　　　　　　　└─（営業部門）──顧客対応，市場調査，事業拡大

　関連部門間の定期的な会合を設け，問題点を整理し対策を行う。また，営業部門等との情報交換を行い事業展開の可能性を常に検討する。

　プロセス担当は「本プラントの増設」や「次のプロセス開発」の可能性を考えて，技術的な調査・検討を継続する。

------ **＜コラム＞『新技術開発では最先端技術を採用しよう！』** ---------

　以前，『なぜ世界1番ですか。2番ではダメなのですか？』という言葉が話題を呼んだことがあった。1番を目指しても1番になれるとは限らない。また，プロセス開発で"世界一"の独自プロセスを開発したとしても，プロセスの機能は"設備"により発揮されるのである。よって，開発したプロセスの機能を最大限発揮できる"世界一の設備"を探索することも重要である。

　化学や化学工学の世界的情報は研究者・技術者でも収集できるが，最先端設備の情報は入手が難しい。筆者の経験では，本社の研究開発部経由で海外の支店（米・ニューヨーク，独・デュッセルドルフ）に情報入手を依頼した。得られた情報を基に，日本では生産されていない先端機器の実験を現地（米・ニュージャージー，スイス・チューリッヒ，独・フランクフルト等々）にて行い，装置の性能改善等を提案し実施してもらった。その結果，プロセス開発にて想定した単位操作の機器性能が本プラントにて，十分実現した。よって，部分的ではあるとしても"世界一"のプロセスを開発できた。

　貴重な資源を投入するプロセス開発では，"世界一"を目標に『最先端技術を採用しよう！』。

　余談だが，世界の各地にて実験を試みた結果，空き時間を利用して観光も十分満喫させてもらった。皆様も是非，"世界に試験と観光"に出かけて技術開発を楽しみましょう。

第 2 部

プロセス開発の課題

第7章

プロセス開発でのアイディア活用例
−技術の源泉−

7.1　反応時間分布と吸着材性能

7.2　高粘度溶液に適する反応器

7.3　高粘度液と低粘度液の混合

7.4　大容量ペレタイザーの開発

7.5　層分離系の反応器

7.6　排水中の微量有価金属回収

7.7　汚れの激しい反応器の工夫

7.8　市場ニーズに対応するための触媒開発

7.9　微量副生物での分析技術者の貢献

7.10　既存プロセスでのトラブル経験の活用

プロセスの開発を進めていると何度も壁にぶつかるが，壁を乗り越えるのには「新規なアイディア・発想」が必要となる。化学工学的な理論計算だけでなく，知識・経験を総動員して壁への挑戦となる。その幾つかの経験を述べる。

7.1　反応時間分布と吸着材性能

公立研究機関が基礎研究を行った「活性炭製造技術」は，原料選定を含め革新的なものであったが，製品性能は並みのレベルに留まっていた。本技術の工業化を依頼され，活性炭の高性能化を検討した。

本技術では炭素材にスチームを反応させて多孔化し，吸着表面積を確保する。多孔化装置として採用されていた「ロータリーキルン」は，構造は簡単で操業も容易でありセメントの生産等に採用されている。但し，ロータリーキルンを用いて活性炭を製造すると，固体粒子の滞留時間分布が広いため，粒子間に反応時間分布が生じ，反応の度合に大きな差が起こる。

吸着性能の向上を目的に全体の反応度を高めると，長時間滞留し著しく空孔率の大きい粒子も生じる。空孔が多く，強度の弱い粒子が混ざると活性炭としての使用時に強度低下を招く。強度不足の活性炭は使用時に破砕・粉化を生じ，実用上問題がある。高性能の活性炭に必要な「高吸収能力」と「高強度」の両立が得られる反応装置の検討を行った。

高性能の活性炭を得るには，体積当たりの空孔部表面積（比表面積）を大きくし，かつ製品強度の確保が必要である。破損が生じない範囲に粒子の最大空孔を抑えると，ロータリーキルン反応器では生成品全体としての平均空隙率は低くなり，活性炭としての吸着性能が低下する。最大空隙率を適正に抑え，かつ吸収性能（平均空隙率）を高くするには粒子の反応時間分布，すなわち滞留時間分布の狭い反応器が好ましいとの理論的結論を得た。**図 7 - 1** に活性炭の空隙率（粒子体積

当たりの空孔量）と粒子強度の関係を示した。

　個体〜気体の反応装置で，固体の滞留時間分布が狭い機種を世界的に探索し，「多段式竪型反応器」を選定した。滞留時間分布がシャープなため，製品の反応率（空隙率）の分布が狭く，全体の平均空隙率を高くしても活性炭の高強度の確保ができると考えた。

　当時，日本には多段式竪型反応器のメーカーはなく，米国のニュージャジー州にて実証実験を実施した。滞留時間分布の狭い多段式竪型反応器を用いた試作品は，予測通り当時の「世界一の吸着性能」と「十分な実用強度」を示し，理論予測が実証された。滞留時間分布が狭い粒子用反応器が，高性能の活性炭を生成できるとの理論的に予測し，適正な機器を全世界より選定。結果として“世界最先端の活性炭”を可能にした。

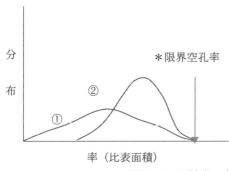

① ロータリーキルン
　　滞留時間分布大⇒空孔率分布大
　　⇒平均空隙率小⇒吸着小
② 多段式竪型反応器
　　滞留時間分布小⇒空孔率分布小
　　⇒平均空隙率大⇒吸着性大
＊限界空孔率：これ以上の空孔率
　　空孔率（比表面積）では粒子が
　　脆く使用時に破損

図7-1　活性炭の空孔率分布

7.2　高粘度溶液に適する反応器

　市場に「超高分子量ポリマー」の供給要望があった。高温で重合反応を行うと，分子量の低いポリマーが多数生成する。分子量の高いポリマーを作るには，比較的低温にて重合反応を行う。

　また，重合反応において重合率（“ワンパス収率”）を高くすると，

生産性が高まる。ただし，反応率を高くして"ワンパス収率"の向上を図ると，溶液中のポリマー濃度が増し，反応溶液の粘度が高くなる。よって，「低温重合」と「高重合率」の反応系で生成する高分子量ポリマーの反応溶液は粘度が著しく高くなる。

　粘度の高い溶液にて安定した重合反応を行うのは難しい。撹拌槽型の反応器は低粘度用には適しているが，高粘度系では十分な撹拌ができず，均一混合が難しくなる。そこで高粘度用として撹拌機がなくても混合能力を持つ反応装置を検討した。探索の結果，混合性能が良好な管状型混合機を反応器として使用することを思いついた。但し，高粘度溶液では伝熱性能が低下するので，反応熱を除去するため反応器にジャケットによる冷却機能を追加した。ジャケット冷却機能があると管型反応器でも，反応温度の制御が可能となり，高粘度・高重合率の重合反応が実現できた。

　但し，管状型の反応器を用いて必要な容積を確保するには，長大な長さの管状型混合器が必要となる。そこで，反応容積が容易に確保される撹拌槽型反応器と高粘度用の管状型反応器の組み合わせを考案した。撹拌槽型反応器で前半の低粘度反応を促進し，後半の高粘度反応は管状型反応器にて行った。二種類の反応器組み合わせにより，超高分子量ポリマーが高い生産性を確保して製造することが可能となり，「超高分子量ポリマーの製造プロセス」の開発に成功した。

管状型混合器（ジャケット付）

（撹拌反応器）　　　　　　（無撹拌反応器）

図7−2　超高分子量ポリマーの反応装置

7.3　高粘度液と低粘度液の混合

　「粘度の高い液体に低粘度液を混合」するのは，"山芋の粘液に醤油を混ぜる"のと同様になかなか難しい。茶碗程度の大きさの容器では，箸を用いて激しくこねれば何とか混ざるが，本プラント用の大きな撹拌槽（通常 1 〜 10m³ 以上）での"強制混合"は，膨大なエネルギーと高強度の撹拌翼が必要となり実現は不可能である。

　そこで粘度とは何かを考えた。ポリマーの分子量が高くなると溶融物の粘度が高くなるが，これはポリマーの絡み合いが増加するためと言われている。溶液の粘度特性には撹拌状態に関係なく一定の粘度を示す"ニュートン流体"（理想流体）と速度勾配が大きい高剪断場では粘度が低下する"非ニュートン流体"とがあることを思い出した。「高剪断場では粘度が低下」する理由として，大きな速度分布を持つ高剪断場では，機械的な力でポリマー同士の絡み合いが外され，流動性のある低粘度体になる。この現象を利用して，高粘度ポリマー液の粘度を下げれば，添加する低粘度液との混合が可能になると発想した。

　細い管に流体を高速に流すと，壁面は流れが遅い層流であるが，中心部は高速の乱流となる。管内に生じた大きな流速分布により，高せん断場が生じてポリマー液の粘度低下が起きる。このことを前提に，高粘度液と低粘度液の混合システムを検討した。

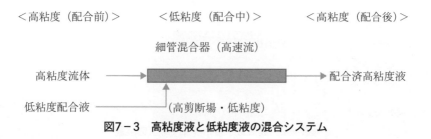

<高粘度（配合前）>　　　<低粘度（配合中）>　　　　　<高粘度（配合後）>

細管混合器（高速流）

高粘度流体　　　　　　　　　　　　　　　　　　　→ 配合済高粘度液

低粘度配合液　　　　　　　　（高剪断場・低粘度）

図7−3　高粘度液と低粘度液の混合システム

　この混合システム案にて，スイスの混合器メーカーに実験を打診したところ，メーカーも経験が無く，成功すればテスト料を無料にすると提案してきて，大変な興味を示した。スイスに出向いての実証試験は，混合器の使用方法を工夫すると高粘度ポリマーに低粘度配合剤が容易に混合することを実証した。試験の"大成功"により，本プラントへの採用を決定した。本混合システムのアイディアはスイスの混合器メーカーからも絶賛された。

7.4　大容量ペレタイザーの開発

　ポリマーは通常，ペレットにて出荷するので，ポリマー製造の最終段階は造粒工程（ペレタイザー）となる。ポリマーの高生産量に見合う大容量のペレタイザーが望ましいが，その当時，ポリマー用には小容量のペレタイザーしかなく，大容量の重合に対応するには複数のペレタイザーを設置していた。

　プラスチック用の大容量ペレタイザーは無かったが，繊維用は海外では製造されていた。効率が良い大容量ペレタイザーの確保を探索して，多数の押出チューブを用いている繊維用の大型造粒機に目を付けた。台湾の繊維メーカーに依頼して繊維での使用状況を見学させて頂き，押出の最終部分は多管式熱交換器の機能を採用しているのを見た。この装置のプラスチックへの適応方法を検討するため，この装置を製造しているドイツのメーカーに連絡を取り実証試験を試みた。しかし，単純に繊維用のペレタイザーをプラスチック用に転用したのでは，ペレットが粉々に粉化しペレタイザーとしては使用できない。そこで「操業条件の変更」と「設備の構造改善」をメーカー提案し，再度行った試験では，良好なペレットが生産でき大容量ペレタイザーの開発に成功した。操業条件としては全体的に「高温操業」とした。また，構造改善のポイントは多管式熱交換器形式の「押出チューブ孔を長く」して，溶融樹脂を"乱れの無い層流状態"で押し出してペレッ

171

ト化すれば，切断時のポリマー紛化を防ぐ効果があると考えた。数度の実用試験で安定した造粒が可能であることが確認でき「プラスチック用の大容量ペレタイザー」の開発に成功した。

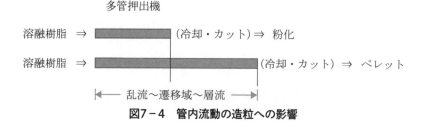

図7-4　管内流動の造粒への影響

7.5　層分離系の反応器

　ある機能性ポリマーの製造プロセスを開発していたとき，小試験段階では発生しなかった反応液の相分離が，規模が大きいパイロットプラントの反応器内で生じた。反応制御が困難となり，対策を検討するため現象を丁寧に観察した。反応の進行に伴いポリマーが高分子化して溶剤へのポリマー溶解度が低下。その結果，ポリマーが析出して「ポリマー塊」と「モノマーを含む溶剤」とに相分離を起こした。析出したポリマーは高粘度の溶解塊となり，溶剤中に浮遊し，撹拌・混合が困難となった。相分離を起こしたポリマーは10cm前後の高粘度溶融塊となり，溶剤中のモノマーとは反応が困難となった。溶融塊を何らかの方法で微細化できれば，溶剤中のモノマーとの反応は進行すると考えたが，化学工学便覧や技術書を調べても対応する反応装置は見出せなかった。

　反応・物性を担当する若手の技術者より，化学工学的な理論計算でなく直感的な発想で溶融塊を細分化する撹拌構造の提起があった。「多数の撹拌棒」と「多数のバッフル棒」による強い剪断力で，溶融塊を微細化するアイディアであった。この構想を基に反応器構造を具体

化し，実証試験を行ったところ満足な結果を得た。

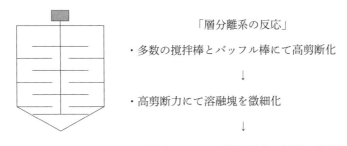

「層分離系の反応」

・多数の撹拌棒とバッフル棒にて高剪断化

↓

・高剪断力にて溶融塊を微細化

↓

・溶剤中モノマーが微細塊中へ拡散し重合進行

図7-5　層分離系反応器

　設備開発は理論的な計算だけでなく，現象をよく観察することにより得られる"直感的"な発想にて，問題解決のアイディアが提供された好事例である。プロセス開発においても，課題の解決を理論的な検討だけでなく「現象観察」も重視したい。

7.6　排水中の微量有価金属回収

　自社技術にて開発したプロセスの海外立地を検討したとき，排水中の銅イオン濃度の大幅低減を要望された。理由は家畜などの牧場に河川水を利用する地域なので，河川中の銅イオンは極力低くしたいとのこと。通常の排水規制濃度よりも十分低い値にてプロセス開発を行っていたが，本プラント見積もりの最終段階にて，更なる低減希望が出された。プロセス全体を基本から見直せば可能とは思われたが，時間を要するのでプロセス全体の再構成を避けて実現する方法を検討した。

　水中の不純物を下げるのに一般的には「吸着材」を使用するが，水量が多く各種不純物を溶解している排水での使用は効率が悪く，かつコスト高となる。そこで，高校の化学の授業にて習った「イオン化傾

向」の活用を思いつき，幾つかの組み合わせを理論計算し，"銅と鉄のイオン交換"は実用性があるとの結論を得た。排水中に鉄材を浸すと，銅イオンが鉄材表面に析出して水中の銅イオン濃度が低下し，毒性がない鉄イオンが水中に溶出するとの理論予測である。

　実施上の課題は，表面積が大きくかつ安価な鉄材の確保である。機械メーカーの工場を見学したときに，旋盤による加工作業において多量の"切子（鉄くず）"が発生していたのを思い出した。鉄切子は"廃材"で安価であり，かつ比表面積が大きいので，鉄材として切子を採用し実証試験を行った。結果は大変良好で銅イオンは大幅に低下し，切子の表面は析出した銅に覆われ銅色を呈していた。鉄の切子を排水路に設置しておくだけで，銅イオンの回収も可能となり設備費も安価である。使用・管理の方法も安全で簡単でもあり，この排水処理方法はたいへん有効である。銅が表面に析出した切子（鉄くず）は，銅メーカーが有償で高価購入し銅の回収・再利用をしている。銅の提供企業も銅回収メーカーも共にメリットを享受している。技術の発想は，工学的な理論推算だけでなく，化学の基本原理に戻ることの有効性を体験した。また，機械工業等の他産業にて行われている作業を見学しておくと，発想の視野が広がるのを実感した。

　＜銅回収の原理＞

・イオン化傾向　：　$Na > Al > Zn > \mathbf{Fe} > Cd > Ni > Sn > Pb > H > \mathbf{Cu} > Hg > Ag > Au$

・Cu の析出　：　$Fe（切子）+ Cu^{2+}（液中）\rightarrow Fe^{2+}（液中）+ Cu$（析出）

図7−6　銅〜鉄のイオン交換と銅の回収

　基本的な化学知識（イオン化傾向）を用いて発想したプロセスを，体験知識（切子の生成工程見学）を加味して，簡易な設備にて安価にかつ効率良く課題を解決し，かつ多くの利益（環境改善，経済メリット，資源の再利用）を得た好例である。

7.7　汚れの激しい反応器の工夫

　汎用的に使用されているポリマーのプロセス改善を要請されたことがある。2成分系の"単純"なポリマーであり，市場での物性上の問題は起きていない。後発のプラント開発であり存在価値を得るための技術改善を工夫した。

　まず，「先行技術の問題点」を整理して技術課題を抽出することにした。そのために，使用されている他社技術に付き，広く情報の入手を試みた。技術ノウハウでなく生産工程にある問題点を多方面から情報の開示を頂いた。エンジニアリング会社からは設備上の課題についての情報提供が得られた。

　一番困っている課題は重合の進行に伴い，重合缶壁面にポリマー付着が増加し，壁面での付着物が急速に増大することであった。缶内汚れが激しいので連続操業を1〜1.5カ月間隔で止めて，缶内整備を行っている。汚れの少ない通常の反応器はほぼ1年間連続運転し，定期的な定修時に整備している。頻繁に缶内整備を行うのは，生産性を著しく低下させるし整備要員の負担も大きい。

　反応の進行とポリマーの付着性の情報を整理すると，重合度の低い間は缶内の汚れはそれ程生じないが，重合度が高くなると缶壁付着が急増することが判明した。必要な重合度を確保でき，かつ缶内汚れを抑える反応器を種々検討した。結論として，①前半の汚れが少ない重合範囲は生産性の高い反応器とし，②後半の付着性が増す高重合度の範囲は汚れが生じ難い反応器を選定することを考えた。前半の安価な装置で高生産性の反応器として「撹拌槽型の汎用反応器」を採用。後

半の付着・汚染性が少ない反応器としては，"高粘度反応器"として開発した管状型反応器を選定した。混合機能を更に強化し，"壁面でも高い流速・混合"の確保が可能な「横型混合反応器」を開発した。

　撹拌層反応器と横型反応器の組み合わせる反応システムでは，高い生産性と低汚染性が達成できる重合システムが開発された。汚染が低下したことにより重合装置の連続操業は 1 〜 1.5 カ月から 6 〜 9 カ月へと大幅に延長され，長期の安定した生産とメンテナンス費用の大幅削減が可能となり汎用樹脂の製造技術の進歩に寄与できた。重合率は従来よりも高く設定し，未反応モノマーの回収量は減少した。そのため，連続操業時間の拡大だけでなく，モノマー回収の操業コストも低減された。

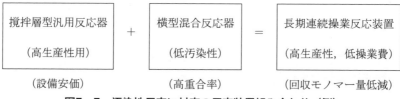

図7-7　汚染性反応に対応の反応装置組み合わせ（例）

7.8　市場ニーズに対応するための触媒開発

　プロセス開発が進展し，本プラント建設に向けてプラント設計に入った段階で，市場より新たな要求が出てきた。通常のポリマーは温度の上昇により軟化するが，要望は"狭い温度範囲にて軟化を完了"させたいとのこと。即ち，狭い温度範囲にて"プラスチックからゴム"への物性変化を起こさせたいとのことである。物性を変化させるには，ポリマー構造の改善が必要となる。プロセス的には，反応器形状や原料供給方法等の調整である程度は対応できるが，基本的には触媒や反応条件変更にて対応することになる。

　触媒や反応条件の大幅変更に対応するには，一般的にはプロセスの

変更が必要となる。本プラント建設を進行させている段階なので，プロセスの変更はできるだけ避けたい。2成分の共重合ポリマーの「構造と物性」を見直すことにした。基礎研究部門（中央研究所）にて，特定温度で物性を大きく変化させるためのポリマー構造とそれを実現させる触媒の検討を行った。触媒の工夫により得られた組成構造の異なる4種類の「単位ポリマー」を得た。これ等の単位ポリマーを組み合わせて，要求物性の実現を探索した。選定した4種のポリマーは，①ランダム共重合の2成分系ポリマー，②交互共重合の機能性ポリマー，③ブロック共重合による「樹脂とゴム」の物性を保有するポリマー，④特殊触媒（リオビング重合用）を用いる新規高分子のテーパードポリマー（組成が傾斜する高分子）であり，その構造を次に示す。

①ランダム共重合　　　②交互共重合　　　③ブロック共重合

ABAABABBBAA　　　AB AB AB AB AB　　　AAA BBB AAA BBB

④テーパードポリマー（組成傾斜高分子）

AAAAA AAAAB AAABB AABBB ABBBB BBBBB

図7-8　4種の「単位ポリマー」

　構成の異なる「単位ポリマー」を内部に複数保有するポリマーを作成して，物性を詳細に検討した結果，狭い温度範囲で物性変化（硬質〜軟質）を起こすポリマー構造を見出した。このポリマーは複数の触媒の組み合わせと操業条件の工夫にて達成でき，プロセス変更は行わないで済んだ。市場ニーズへの対応には当初はプロセス修正が必要と考えたが，基礎反応までさかのぼり，構造と物性の関係を精密に解析した結果，触媒組成と操業条件の変更にて，"急な市場ニーズの要望"に対応することができた。

　このポリマーは通常のプラスチックと比べて比重が小さく，他のプラスチックと混合して粉砕しても容易に比重分離が可能である。ペッ

トボトルの表面カバーフィルム（印刷表記可能）として使用すると，ボトルごと粉砕して比重分離すると，ペット樹脂のみを簡単に回収することができる。この特殊プラスチックフィルムの使用が普及している日本では，ペットボトルの回収率が世界一となっている。

7.9　微量副生物での分析技術者の貢献

　ビーカー試験，ベンチ試験，パイロット試験の段階では経験しない"製品の着色現象"が本プラントの試運転時に生じた。原因は回収し再使用する溶剤中に，微量の副生物が蓄積したことである。ビーカー試験では溶剤の回収はしない。ベンチ試験とパイロット試験では回収溶剤は外部の精製会社に委託していた（形式は精製委託）。精製会社より戻る溶剤は"精製済の溶剤"であり，副生物の蓄積はなく，技術開発の試験段階での製品呈色は起きていない。

　本プラントでは通常の溶剤回収設備を設け，溶剤を循環使用した。原因物質の沸点が溶剤の沸点に近いため，単純な蒸留操作では完全な分離除去ができていない。その結果，微量にしか副生しない物資が徐々に溶剤中に蓄積し，本プラントの試運転時，10サイクル以上の操業後に初めて呈色現象が生じた。

　突然生じた呈色に大いに戸惑い，分析部門に「呈色物質」の特定を依頼した。分析担当は物質の特定を素早く行うと共に，「除去方法」も自主的に文献調査を行い，併せて報告してきた。除去方法の報告に基づいて，製造工程に軽微な改良を直ちに実施した。その結果，呈色物質を製造工程より容易に除去でき，本プラントは大きな設備変更をせずに，計画通り製造が実施できた。プロセス開発では分析部門の役割は重要であることは十分認識し，共同して技術開発をしてきていたが，突発的な事象への素早い適切な対応に改めて感謝した。プロセス開発段階での打ち合わせに，分析担当者も出席し，プロセスの内容や使用化学品類を熟知していたことが幸いした。

他にも，分析部門の活躍でプロセス開発が進展した例がある。パイロットプラントの試験にて，小試験では検知されなかった微量成分の不明物質が検出された。この物質の解明を分析部門が詳細に解析した結果，「有毒物質」であるホスゲンであることが判明。とりあえず，ホスゲン除去装置を追加したが，最終的にはホスゲンを生成しない反応系を探索してプロセス開発を完成させた。気が付かずに本プラント生産に進んでいれば，危険なホスゲンを発生させることになった。ごく微量の不純物を分析部門が幸いにも検出してくれたので，ことなきを得た。

7.10　既存プロセスでのトラブル経験の活用

既存プロセスのトラブル経験を新プロセス開発に生かした例を記述します。なお，既存設備でのトラブル解消には，「現場作業者の見解」と「操業データの解析」が重要な情報となる。

(1) 定期的に発生する重合トラブル

長年にわたり重合反応を実施しているが，定期的に重合反応に異常が短期間だが発生する。原因の究明と対策の実施を依頼され検討した。

現場作業者は『1～2カ月ごとに，重合反応が遅れる。但し，重合を数バッチ行うと異常は解消する』と現象を解説した。原料のモノマーや重合作業の手順に問題はないとのこと。

＜未反応モノマーの回収＞

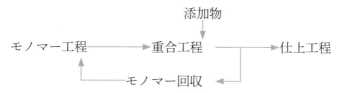

過去のデータを調べたところ，ある特定グレードの重合後に，2～

３日して「重合遅延」は発生していた。重合反応の終了時に加える添加物中の微量成分が，重合液から未反応モノマーを回収するときに，モノマーに混入して原料モノマーに戻された。

　この微量成分がラジカル重合の開始を阻害した。対策として，回収工程の蒸留操作等を改善し遺物除去能力を強化したところ問題は完全に解決した。その後，更に問題成分を含有する添加物は他の化学物質に変更した。

（2）特定ユーザーからの品質クレーム

　無水マレイン酸のあるユーザーより定期的に品質クレームを受けていた。工程を詳細に調べても，品質管理上の異常はない。現場作業者は『一年を通し同じ生産管埋している。時々来る品質クレームの原因は不明』とのこと。

　クレームの発生を数年間にわたり整理したところ，毎年の夏場に起きていることを見出した。現場の製造工程を詳細に点検したところ，品質の最終チェック用のサンプリング箇所に問題があった。

＜無水マレイン酸の最終工程＞

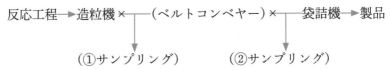

反応工程 → 造粒機 ✕ ── （ベルトコンベヤー） ✕ ── 袋詰機 → 製品

　　　　　　　　↓　　　　　　　　　　　　　↓
　　　　　（①サンプリング）　　　　（②サンプリング）

　造粒機出口にて粒状品（ペレット）を①にてサンプリングして，製品としての品質検査を行っていた。年間の大部分は造粒機出口品と袋詰製品とは品質に差を生じない。「夏場の高温多湿時期（１カ月程）」は，ペレットがベルトコンベヤー上（15 〜 20m）を移動中に空気中の湿気を吸収する。そのため製品の融点が低下して，特定ユーザーでの使用時に問題を生じていた。

　対策として，コンベヤーに "カバーを設置" して空気接触を減らすと共に，袋詰機の入口②へ "サンプリング箇所を変更" して，出荷品の品質保証を実施して問題を解決した。

　この様な既存プロセスでの"小さなトラブル経験"もプロセス開発でも活かしている。例えば，新プロセスの開発で工程を管理する「サンプリング箇所」は慎重に選定。また，分析での検出が「微量成分」であっても，物質を確定し操業及び製品物性への影響を検討し対策を施した。

-------- **<コラム>『プロセス開発には広い技術視点で！』** --------

　プロセス開発は学校で学んだ知識や自ら学習した技術に加え，個人では得られない他者から教わった技術・経験が大変役に立った。企業に入り多くの先輩より色々な知識・経験を習得させてもらった。

　最初の上司である岩崎リーダーは，合成ゴムのプロセス開発を成功させた人で，プロセス開発の進め方（基礎試験〜応用試験〜プロセス確立）を伝授してくれた。二人目の上司の西村リーダーからは，技術開発プロジェクトの推進方法とメンバーへの仕事の割り振り方法を具体的に実例も持って指南して頂いた。

　化学工学は学んでいたが生産設備の実際には無知の新入社員に，設備部門からも教育を受けた。松沢設計係長は新人を機械メーカーに同行させて機械設備の検収に立ち合わせ，機器のチェックポイント（溶接具合，組み合わせ精度，表面仕上げ等）や修正箇所の指摘方法を目の前で経験させてくれた。機械の製造工程も見学させて機種による性能の違いも理解させた。

　森山計装係長は時間外での計装システムの講義に加え，現場での実機説明をしてフィードバックシステムの「理論と実際」を現物にて教えてくれた。コントロール弁の形式も多様であり，弁の選定により時定数に差が出ることも理解できた。

　入社初期に優れた諸先輩より学んだ知識・経験は，プロセス開発に専念した筆者の"基礎体力"となり，多くのプロセス開発の推進にあたり大変役に立った。各種の指導力を持った諸先輩からのご指導には深く感謝しています。

　自分の専門知識は自ら学べるが，プロセス開発には自らは学べない幅広い知識と，具体的な技術の実施方法の理解も重要である。是非とも『幅広い技術の視点』を持って下さい。

　余談だが，先輩の指導で計装技術に関心を持ち勉強した結果，プロセス担当者としてPFDだけでなく，プロセスの特徴を"微妙

に"反映できる P & ID も自ら作成してきた。

第8章

プロセス開発による
本プラントの安全確保
-安全優先の源-

8.1 安全に配慮したプラントの確立

8.2 リスクへの対応（経営責任と安全文化）

8.3 プロセス開発とプラント操業での安全の
役割分担

8.4 安全の向上

8.5 安全の経済評価

化学産業の各企業は頻発する事故・災害への対応として，『安全優先』の方針を掲げている。プロセス開発においても，本プラントの安全な操業確保と安定した製品供給を目標とする。よって，プロセス開発の各段階において，「安全に配慮」した技術確立を行うと共に，「製品の安全」も意識して品質の確立を行う。

　プロセス開発は「ビーカー試験から本プラント操業」まで，多くの実験を経て技術蓄積を行う。各段階で検討したい「安全の三大課題」を示す。

(1)「物質安全」の課題　：　主に小試験にて

①「化学反応」を解析し，反応速度，副生物，毒性等につき「安全性」を確保する。

②製品の「構造と物性」の関係を整理し，「安全な製品」の開発を目指す。

③「反応条件」では，暴走反応や爆発範囲等を避ける「安全な操業条件」を検討する。

(2)「プロセス安全」の課題　：　主にベンチ試験，パイロットプラントにて

④必要な単位操作を探索し，「プロセスの構成」を組み立てる。

⑤各操業条件に見合う「設備の選定」（単位操作別）と「リスク評価」を実施する。

⑥安全を確保した「プロセス設計」（全体最適）を行う。

⑦「本プラントの設計」では，安全な機器・配管・計装・配置等を選定する。

(3)「システム安全」の課題　：　本プラントの設計・建設・操業にて

⑧立地や用役の安全条件を把握して「本プラント建設」を実施。

⑨安全に配慮した「操業マニュアルの作成と教育」を行う。

⑩「本プラント操業」の安全確保に注力する。

以上を検討するときに必要とされる「安全への配慮」について，具

体的な内容を記述する。

8.1　安全に配慮したプラントの確立

プラント全体の安全を確保するためには，設備の設計段階において「危険性の把握」と「安全性の向上」を意識して検討する。

◉8.1.1　危険性・危険物の極小化

化学物質の物性（分子構造，融点・沸点，引火性・爆発範囲，毒性など）を整理し，どの物質がどんな使用条件で危険性を持つかを検討して，プロセスのどこに危険があるかを掌握（リスクアセスメント）し，具体的な対策案を作成する。

①各物質の爆発範囲を明確にし，爆発や暴走反応等が発生する状況を回避する「操作条件」を選定する。操業の安全性確保には，爆発範囲となる温度・濃度・圧力等に対し，操業条件は爆発下限より"10%程度"の余裕を持たせて設定し，多少の誤差が発生しても異常反応や爆発が生じないようにしている。

②安全な操業が維持できる設備の仕様・形状を検討し，安全性に余裕が持てる「設備選定」を行う。また，サンプリングノズルの位置や向きなどの細部までも安全の検討対象とする。例えば，サンプリングの操作ミスによりノズルから多量の液が噴出しても，作業員が被液しない様に工夫をする。

③「材質の選定」は重要であり，使用する部材の「強度・耐食性データ」を十分調査すると共に材料の強度・劣化について勉強をする。使用する化学物質や使用条件に対応する"耐食データ"がない場合は，実験装置を準備して想定の操作条件での腐食テストを行う。パイロットプラント装置の中に材料を設置して腐食試験を行うと，液の流動状態等を反映した操業状況での腐食データが得られる。

④本プラントの配管は管内の流体速度により，異なった腐食への影

響がある。湾曲部や合流部では腐食が促進されることが多いので，配管の材質・肉厚を工夫する。また，析出物等が滞留すると腐食が加速するので，配管中に滞留部が生じないように「配管設計」を行う。

◉8.1.2　危険の回避（反応系，溶剤系）

危険性（爆発性，毒性等）の高い物質の使用は，『人はミスを犯す』を前提に極力使用を避ける。反応系の検討では，有害物質や爆発性物質の副生物が少ないものを選定する。

①「溶剤」は環境への影響や毒性の少ないものへと移行してきている。以前，溶剤としてベンゼンや四塩化炭素が溶解能力や安定性により採用されていた。物質としての有害性，有毒物の副生，環境への悪影響等を考慮して，現在は使用が避けられている。例えば，有毒性のホスゲンを原料とする製品の製造工程は，ホスゲンを使用しないプロセスへと転換している。また，四塩化炭素はオゾン層の破壊が問題視され使用が避けられている。

②「副生」する爆発性物質がプロセス系内に沈殿・蓄積して，一定量を超えると発火・爆発を引き起こすことがある。少量といえども「危険物質の副生と挙動」は正確に解明して対策を検討する。危険物が沈殿・蓄積する場所としては中継タンクや熱交換器の滞液部がある。他社の類似プロセスでの災害事例を調べることを推奨する。

③高温・高圧での反応系には「耐圧反応器」の選定を慎重に行う。槽型反応装置において設計耐圧度を超える事態が想定される場合には，安全弁の設置などの対応策をとる。

現在は，危険物質の使用や危険を招く操作条件の採用は極力回避して，「安全な製造プロセス・操業条件」を確保することを化学産業全体が志向している。

◉8.1.3　危険度の緩和（『絶対安全はない』）

化学プロセスでは"絶対安全"はない。設備や操業条件を如何に"危

険性の少ない”状態にするかは開発技術者の腕の見せどころである。

　①「反応の暴走性や爆発性」が危惧される場合は，反応系の“濃度の希薄化”や“反応の低温化”を図り，反応の進行が緩やかとなる操業条件を選定する。操業の低温度化や冷却強化を図るには，反応装置だけでなく，冷却・冷凍の付帯設備の機能見直しも行う。特に冷却強化には，多くの方法（ジャケット強化，多管式冷却，缶外循環冷却，リフラックス冷却等）があるので，プロセスの特徴を把握の上，適正な方式を選定する。

　多缶式連続重合の場合は，反応器の数を増やして1反応器当たりの「反応器容積」を小さくすると，各缶の冷却能力が増し安定操業が可能となる。小型装置ほど“体積当たりの装置面積（比表面積）”が大きくなるので，除熱面積が確保し易くなるからである。

　②プラントの安全性を強化するには，プロセスの危険箇所を要素技術まで戻り点検（リスクアセスメント）し，操業条件の見直しを行う。プロセスのどこに危険があるかはライン・スタッフ・操業要員のチーム全体が参加して検討を行うと，人々が自己の担当作業の危険性を理解する良い機会となる。工場全体や製造部門別に，危険な箇所を明示した『危険地図』を作成すると良い。

◉8.1.4　「全停電」に対応する安全確保（例）

　地震や集中豪雨などの異常時だけではなく，設備トラブルや操作ミスによっても全停電や断水等の異常が起きる。異常への対処には，プロセス開発の段階から単位操作ごとに安全確保の条件を理論計算し，原理に基づく設備や操業の安全条件を検討しておく。

　全停電や断水等の異常時には，どの様な問題が発生するかを装置ごとに確認し，「予備電源」や「貯水槽」などの「緊急時対策」を実施する。

　「停電」により反応缶の“撹拌機能”や“冷却水供給”が停止し，反応のコントロールが困難になる場合がある。対応として，『理論計算上

では撹拌・冷却水無しでも 40 分は安全だが，20 分以内に緊急処置を実施する』等の安全対応策を決めて実施している例がある。

また，満液型反応缶なら液の一部を抜き取り，液膨張による缶内圧の上昇を押える対策もある。気相部のある反応器では安全弁の作動に備える。但し，系内からの液抜きや安全弁からのベント排出に対応する設備の準備が必要である。

暴走反応の危険がある反応系には，非常電源を優先的に供給するシステムにし，撹拌や冷却機能を維持して最悪の事態を防止する。

● 8.1.5　危険物副生プラントでの安全確保（例）

特殊ゴムの製造プロセスの例として，"爆発性物質の副生"が重要問題となった。次に述べる対策をした結果，何十年もの間"プロセス事故ゼロ"にて製造を継続している。

①副生物の「爆発危険度を大学の指導を受けて定量化」

大学の安全専門家の指導にて，副生物の爆発強度の測定だけでなく，実使用条件での爆発範囲を特定し，操業条件は爆発範囲の"90％"を目安にして設定した。機器の誤差をも勘案して"約10％"の余裕を見込んだ。

②危険な副生物の分離する蒸留塔は「厚いコンクリート壁」の中に設置

危険物質の事故を対策として，危険物の蒸留塔を 10cm 程度のコンクリート壁にて囲み，蒸留操作にて爆発が起きても爆風・爆発物は"上空"に飛散し，周囲の設備や作業員には直接には被害が及ばないように工夫をした。

③危険な副生物の貯槽は，「生産設備より隔離」して設置

副生物は一時的貯蔵し，その後安全な処理（燃焼など）を施しているが，一時貯槽とは言え，爆発力が大きいので貯槽は製造装置から離れた"空地"に隔離設置している。

④『工場には清潔な下着で来い』と"危険→事故→病院"を意識付け

自社でプロセス開発した新本プラントのスタートアップ時に，開発責任者はアセチレンガスを用いる新プロセスの危険性を周知徹底させるために，出勤する作業員への警句として考えた"標語"である。安全確保には，設備と技術に加え"安全意識"が重要である。危険物を扱う工場では，危険を意識しての作業が必要。事故を起こして病院に担ぎ込まれても，恥をかかない"清潔な下着"を毎日着用することを要請し，「現場に危険あり」の意識徹底を図った。そのため，この工場では長年にわたり，プロセス事故は起きていない。

⑤新入社員には「爆発の体験教育」を実施

工場内に爆発体験設備を設け，新入社員や転入社員には危険な副生物の爆発テストを行わせ，化学物質の危険性を実感させている。筆者も爆発の実験を体験して，爆発物質の恐ろしさが身に沁みて，安全を確保できる技術開発への意欲が高まった経験がある。

以上のように，「危険の把握，危険の隔離，危険の意識付け，危険の体験」を実施し，理論，プロセス，技術，意識，教育等の各方面により安全の確保を図っている。なお，これ等の一連の安全対応は，研究開発から製造までを一貫して担当した責任者のリーダーシップにより実行された。

8.2　リスクへの対応（経営責任と安全文化）

化学プラントでのプロセス事故を防ぐ要因として，プロセス開発段階での"安全配慮"，安全性の高い"設備選定"，危険性を理解した"操業条件"の設定等がある。また「職場の安全は自分達で守る」との自主的な安全確保への意識が重要である。

また，世界的に発生した化学産業の重大事故に対し，『経営責任』と『安全文化』の重要性が世界の化学産業に提起されている。これ等の課題への対応を検討する。

◉8.2.1　安全対策への経営資源投入（『経営責任』）

　新しくプロセス開発を行い事業の展開を図るには，必要な経営資源の投入と一定の時間が必要である。"ヒト，モノ，カネ"として必要な要素を述べてみる。

　①プロセス開発は**"ヒト"**が行うものである。

　化学＆科学知識，化学工学的プロセス理解，社会ニーズの理解，設備・機械の知識，環境・安全課題の理解，組織の把握と指導力（リーダーシップ，絆）等を備えた"ヒト"が求められる。しかし，全てを備えた人は中々いないので，複数人の組織にて必要な機能を確保して，プロセス開発に推進する。

　プロセス開発はプロジェクトを組織し，取りまとめを行うリーダー，実験を実施する専任チーム，兼務が可能な分析担当者，設備の設計・保全・計装の担当技術者，環境・保安担当者，法規・総務担当者などの多くの人材投入が必要である。投入する"ヒト"の質と量の確保は，安全な本プラントの完成に不可欠である。人材投入が十分でないと，技術完成の遅延や欠陥内包のプラントになることが多い。

　また，プラントの操業要員も必要人数を確保すると共に技術内容や操業リスクについても十分な教育を行うことが重要である。

　②プロセス開発での**"モノ"**は，開発スタート時の基盤技術である。

　技術開発計画を立て，自社開発する技術と他より受ける技術とを明確にする。好ましくは，自社保有の技術を基にして開発を行う。自社が得意とする分野では，関連する技術情報を持つ人が居り，また市場情報を保有する営業マンも存在するので，プロセス開発の方向を自主的に設定しやすい。なお，開発に時間が掛かる場合や開発が困難な技術は，他より技術移管を受けることも検討する。

　③プロセス開発での**"カネ"**は，設備費と人件費である。

　設備費として，実験装置（小試験，ベンチ試験，パイロットプラント），本プラント建設（設備，用地）等があり，節減の工夫をしても多

額となる。また，人件費は開発プロジェクト要員，技術支援要員（分析，設備部門），市場開発要員（営業部門），間接支援要員（環境保安，総務）等である。営業要員費用や環境保安費用は開発経費に計上されない場合もあるが，"必要経費"である。

　"カネ"としては，各種試験に必要な原材料費，用役費，更に市場サンプル経費，廃棄物処理費なども発生するが，経費に計上されないこともあるが，実際には必要である。

　いずれにしても，安全に操業できるプロセスの開発は，必要な"ヒト，モノ，カネ"を投入する経営者の"英断"が前提である。その方針を受けて管理者が"意欲と使命感"を持ち，課題に当たることが成功へとつながる。但し，経営層や管理層の判断には，実務を行う現場からの実態に即した**"現場提案"**が強く影響する。

◉ 8.2.2　安全への価値観（『安全文化』の重要性）

　安全文化とは『集団が持つ，安全への"価値観"，"対応力"，"行動様式"を組み合わせた成果』と定義されている（英国安全衛生庁）。安全文化は主としてプラントの操業段階に重要視されるが，技術開発の段階でも必要である。安全なプロセスの開発には，開発担当者が常に安全に配慮して技術確立を意識することが重要。本プラントだけでなく技術開発段階でも安全重視は必要であり，パイロットプラントの試験段階で大事故を起こしたために，プロセス開発全体が打ち切られた例もある。

　技術的に設備や操業マニュアルが安全に準備されていても，操業する作業員が安全に無関心で不用意に作業を行えば事故は避けられない。全員が安全を確保することの重要性を理解し，危険に適切に対応し，安全優先で行動する習慣を組織全体で持つことが，生産活動での事故防止に繋がる。安全確保には"技術"と"意識"の両方が大切である。

　安全なプロセスを開発するには技術検討段階においても，常に安全

を意識して技術構成や操業方法の検討を行う必要がある。具体的には，次の課題を意識的に実行することで安全文化は醸成され，関係者の安全への意識・行動に反映される。

①プロセスの持つリスクに関して常に“話し合い”を行う。

②安全へ“現場の意見反映”を図る。

③一人ひとりが，安全への“質問・学習”に努める。

④“安全の重要性”は活動を通して共有化する。

◉8.2.3　自主的な安全活動（『開発した工場は自分達で守る』）

安全の基本である『自分の身は自分で守る』は，自主的な安全活動の必要性を表している。

“自主的な安全活動”は，完成した本プラントの安全操業を目的として提起された安全への取り組み方法であるが，プロセスの開発段階でも“自主的な安全への活動”が「安全なプラント開発」に必須である。また，『開発した工場の安全は自分達で守る』を行動指針とする。

プロセスや設備の安全を“エンジニアリング会社任せ”にするのは避けたい。エンジニアリング会社は一般的な“プロセス安全・設備安全”について高い経験と知識を持つが，新規開発の「個別プロセスが持つ危険性」は十分理解はしていない。個別プロセス特有の危険性は開発担当者が一番良く把握している。理論的な知識や実験での知見はプロセス担当技術者が把握しており，取扱い物質や装置が持つ危険性は作業担当者が会得している。

単位操作の安全性やプロセス全体の安全確保には，プロセス開発に関与した「全メンバーの意見反映」を活用し，“自主的な活動による安全確保”を図ると良い。理論的な安全は技術者が責任を持つが，操業時やサンプリング操作での安全確保には現場からの意見提案を反映させる必要がある。実生産を踏まえての“安全プロセスの確立”を全員参加で行う。

また，重要な事故・災害の発生時の「緊急対応」は本社等の管理部

門ではなく，プロセス内容や人材配置状況を一番理解している工場・現場に任せる。事態の悪化を最小にするには，現場主導の"自主的活動"が好ましい。

8.3　プロセス開発とプラント操業での安全の役割分担

安全工学は，ⅰ）物質安全，ⅱ）プロセス安全，ⅲ）システム安全に大きく分類できる。この分類に沿ってプロセスにおける研究者・技術者が担当する安全課題を考察してみる。

◉8.3.1　「安全の格言」より学ぶ

危険物質を扱うことが多い化学関連の技術開発には，先達の経験から多くの「格言」が伝えられてきている。次の警句を重要な戒めとして常に意識しておきたい。

①『化学において安全は重要』（物質安全）

化学品や化学反応では，異常反応，暴走反応，発火・爆発，毒性・残留性等の"見えない変化"が起きる。視覚や体感では予知不可能なことが生じ，事故を起こす危険性があることを認識し，安全に十分な配慮をすることが重要である。

②『危険なものを安全に取扱うのが化学技術』（プロセス安全）

化学物質の取り扱いには常に危険性が伴っている。安全を確保するには存在する"危険の把握"と"適切な対応"が必要であり，化学品を安全に扱うのが化学技術の基本と考える。取り扱う物質の危険性はデータを整理して十分把握する。また，反応は主反応だけでなく副反応や異常反応の危険性も明らかにしておく。危険物質の体感実験（燃焼，爆発等）は化学物質を安全に取り扱う方法の訓練でもある。

③『化学プラントでは危険が普通で，安全は例外』（システム安全）

目に見えない危険性を有する化学物質を取り扱う化学プラントで

は，危険が常に存在していることを前提に，操業条件の改善や設備の安全点検を継続して行う。この活動は現場の作業者にも役割を分担すると，自ら"考える安全活動"にもなる。現場の良好な活動は，社内報などで広報し，更に表彰すると現場の活動が活性化する。安全確保を意識し，継続して取り組めば，危険が回避される。安全への配慮を怠れば化学プラントは"危険の巣窟"となってしまう。

8.3.2　「プロセス開発」での役割分担

プロセス開発の参加者が果たすべき役割を，専門分野別に区分してみる。

①基礎研究者　：　「化学では安全が重要」（物質安全）を担当

　化学物質の組成や構造に基づく"危険性の評価"を実施し，「危険の把握」を行う。

②技術開発者　：　「危険なものを安全に扱うのが化学技術」（プロセス安全）を担当

　危険な物質を"安全に処理する技術"を開発し「危険の回避」を図る。

③操業担当者　：　「化学プラントは危険が普通で，安全は例外」（システム安全）を担当

　安全の"維持・管理・保証システム"を設定し，「安全の維持」を可能にする。

8.3.3　「プラント操業」の役割分担

プラントの操業段階で，社内の各層が分担する役割を明確にする。

①現場　：　「安全な生産活動」を実施

　"安全・安定な生産"に責任を持ち，各種規定類を遵守すると共に，担当プラントの特徴に対応した自主的な安全活動を推進する。

②管理　：　「安全な生産体制」の確保と維持

　"安全維持の体制"を確保するために，設備改善，作業改善，教

育，現場活動状況の点検・指導を行う。また，現場とのコミュニケーションを行い，現場の要望・状況を把握する。

③経営　：　「安全優先」の方針実行

　"安全への理念・方針"を提起し，企業での安全活動の推進を図る。新規事業推進に当たっては必要な技術の確保を図ると共に充分な人材・資金の供給を行う。

　なお，プロセス開発時の研究者・技術者はプラントの操業後も，技術内容を理解している"スタッフ"として安全・安定な生産活動維持のために関与を継続する。

8.4　安全の向上

　プロセス開発した本プラントでは生産開始後も要員教育やリスク点検等を行い，操業の安全・安定レベル向上を継続的に図っていく。

◉8.4.1　安全教育の継続

　本プラントの操業に備えて，操業者や設備担当者に必要な安全知識を教育する。生産開始後も現場にて実施される日常的な安全活動に加え，安全の知識・経験の教育を継続する。

　担当するプラントの「リスクアセスメント結果」や「自社及び他社の事故事例」を参考にして，操業方法や設備の改善を"全員参加"で検討する。必要によりプロセス自体の改善も行う。なお，安全活動を推進する"中核的人材"を意識的に育てると，現場の状況に適した安全活動の促進が自主的になされる。

◉8.4.2　安全活動への第三者評価の活用

　安全活動は自分達だけで行うと"一人よがりな経験的な活動"の継続になり易いので，外部の第三者に安全活動の点検・評価をしてもらうと，自職場が持つ安全活動の"弱みと強み"が把握でき，今後の安

全レベル向上へ参考になる。

　自社開発のプロセスから製品を生産・出荷して社会貢献するには，自主的な自社の安全活動に加え，"他社の知識・経験"を学習することも欠かせない。化学産業がグローバル化してきており，生産技術や製品性能も世界に負けないレベルを維持し続けるためには，自社の経験範囲だけでなく，視野広くし世界との比較を常に行い，改善を継続することは必要である。

　プロセスのリスクアセスメントも自社だけでなく，機会があれば外部機関に評価してもらうことを推奨する。

●8.4.3 外部要因災害への安全対策

企業の災害には「内部要因」と「外部要因」がある。

　内部要因災害は，企業内の生産活動に伴って発生するものであり，多くの企業が安全対策を実施している。

　外部要因災害は，自然災害（地震，津波，落雷，突風，豪雨，洪水等）と人為的災害（テロ，放火，サイバー攻撃等）である。外部要因のため"何時・どの程度"は不明確のため，対策が"後回し"になる傾向がある。自然災害については，公的機関より提供されている情報を参考に，自社の危険度を考慮して対策を実施する。災害を絶対避けたい箇所・設備には"加重対策"を取ると良い。

　津波や高潮への対策としては，"十分な高さ"の防波堤や防潮堤の設置が検討されている。日本の化学産業ではテロやサイバー攻撃への対策が，他国と比べて遅れている。（原子力発電では，多少検討されている）

8.5　安全の経済評価

化学企業では「安全を意識したプロセス開発」や「安全優先の生産活動」が検討されてきている。この様な活動は単に事故を防止するだ

けでなく，経済的な波及効果もあり，経営層を含め議論がなされ始めた。企業の生産活動による付加価値生産について，各層の役割を整理する。

(1) 現場　：　"価値の生産"を実行
　　　　　　　⇒付加価値を生んでいるのは，現場の生産活動である。

(2) 管理　：　円滑な"価値の生産支援"
　　　　　　　⇒直接的には価値の生産はせず，生産活動の環境整備を行う。

(3) 経営　：　"価値の生産現場を準備"，"組織統率"
　　　　　　　⇒"ヒト・モノ・カネ"を準備し，組織的に生産活動を推進する。

◉ 8.5.1　損失を押える安全活動（『守りの安全活動』）

　事故が発生すると，人・設備等の直接損失に加え，事業の機会損失や社会的信用の低下等の間接損失も発生する。人的被害等が発生すると設備停止命令もあり得る。また製品の市場供給が停止すると市場での占有率低下を招き，場合によっては他社に自社市場を渡すことにもなり，最悪の場合事業撤退となったケースもある。

　＜事故の損失項目（例）＞
・被害者への対応　：　人的賠償責任，医療費，休業補償等
・設備等への損害　：　建物，装置・設備，原材料，完成品の消失等
・生産停止の損失　：　生産停止，市場損失，事業力低下等
・事故関連の費用　：　事項調査，罰金・課徴金，保険料率上昇等
　これ等のマイナスを抑制する目的で実施するのが「守りの安全活動」である。この活動への資源投入は，経営面からすると"守りの安全投資"の強化と言える。

◉8.5.2　利益を拡大する安全活動（『攻めの安全活動』）

　プラント操業の安全確保は事故防止を目的に実施されているが，安全が維持されるとマイナス抑制だけでなく，プラス効果の増大も期待できる。安全・安定な操業により事故が減少し，設備稼働率の向上や事故対応作業の減少などのプラスの要素が増大し，企業の競争力強化や利益拡大を図ることが可能になる。

　＜安全活動のメリット＞
・事故停止減少　：　稼動率改善，増産，事故対応費用減
・少人数の生産　：　生産性向上，事故対応作業の減少
・組織の絆強化　：　"自分達が守る安全"，円滑な情報交換，仲間
　　　　　　　　　　意識の強化

　これ等のプラス面を拡大する図る安全活動は「攻めの安全活動」であり，この目的で安全活動を推進することは，経営としては"攻めの安全投資"と言える。

　なお，大事故を起こした企業の社会的信用の低下により，就活時の入社希望者の応募が減るとの報告がなされている。プロセス開発段階から"安全なプラント"の建設・操業を目指すことは永続的な競争力確保と社会貢献を果たすためにも重要である。

◎「トップダウン」と「ボトムアップ」

　企業において安全への基本方針は「トップダウン」にて提示し，安全活動の具体的な方針は現場等からの「ボトムアップ」にて提案すると良い。具体的な活動課題は現場が自ら検討して実行すると，トップ方針に直結する現場の課題発掘と問題解決となる。

------------ <コラム>『安全に配慮したプロセス開発を！』 ------------

　2011 〜 2012 年に起きた『化学産業の三大事故』の要因については，多くの報告書が出されているのでそちらを参照して頂きたい。筆者がプロセス開発の視点より整理したところ，事故要因としては次の共通点を見出した。

　（1）どれも技術支援体制が不十分な「土日」に発生

　（2）事故は定常作業でなく，「非定常作業時」に発生

　（3）プラントでの異常には気が付いたが「原因が理解できず」

　定常状態の操業はマニュアルに基づいて安全に操業が可能。異常時には非定常時マニュアルで対応するも，“プラントで何が起きているか”は把握できていなかった。事故の要因は「プロセスへの理解不足」と思われる。

　プラント建設時には安全操業が可能なマニュアルが作成されている。非定常時の対応についての簡単な記述はあったが，プロセスが持つ「危険性」と「安全への指針」の説明が不足していた可能性がある。プラントが持つ危険性はプロセス開発時には担当者は把握しているが，安定操業を続けている内にプロセスの持つ危険性は引き継がれず忘れられていく。プラントは定常・非定常を問わず，常に安全が確保できるように『安全に配慮したプロセスの開発』をすると共に，「プロセスの危険性」への対応が継続できるように工夫する。非定常時対応は危険性が高いので，慎重に対応策を作成すること。

　これまでは各社とも自社の内部要因（設備，操業等の不具合）による事故・災害への対策に重点を置いてきたが，これからは外部要因（地震・津波，暴風雨・洪水，ドローン攻撃等）による災害についても，プロセス開発のときから想定される事故への考慮をしたい。

第9章

プロセス開発の意義と役割
−技術の源泉−

9.1　プロセス開発を行う目的

9.2　化学技術とは何か

プロセス開発は新しい「技術進歩」を図るだけでなく，製品を市場に供給する「社会貢献」も果たす。また，プロセス開発に関与した人に「自己実現」の達成感や技術的な「実力向上」をもたらす。プロセス開発には多くの人材と資金が投入されるが，成功すると多方面での価値が得られることになる。

　プロセス開発を多く経験して，筆者なりに理解できた「プロセス開発の価値」を箇条書きにて整理した。

（1）成果の「社会貢献」

　開発技術で生産された製品が市場に普及し，社会に役立っている。また，社会が必要としている多くの課題の一端を自分達も担っていることが実感できる。個人の集まりである社会での自分の存在価値も認識する。

（2）プロセス開発の「企業への貢献」

　『社会貢献をすると，社会は企業に"ご褒美"（利益）を与える』ので，社会貢献する技術開発は企業に利益をもたらす。一方，『社会貢献しない企業は存続しない』の視点があり，企業の存続には技術開発が不可欠との"常識的な結論"に達する。別の表現では『企業に貢献できなかった技術開発は目的を達成していない』ことになる。

（3）「自己実現」と自己の「技術力向上」

　プロセス開発に参加して，自己の提案や工夫が技術確立に寄与すると，自分の関与が成果に繋がり「自己実現」を実感する。また，技術開発の過程で，自分の「技術レベルが向上」しているのがわかる。

（4）「職場の絆」と仲間からの「自分の存在評価」

　プロセス開発はプロジェクト体制にて推進される。役割を分担して同じ目標に向けて努力する仲間と"苦労や喜び"を共にしての「絆」ができる。また，仲間から自分が果たした役割が評価されると「自分の存在価値」が理解でき，業務での"達成感"も得られる。

（5）多方面との接触による「社会的視野」の拡大

　「基礎研究」での大学・研究機関，「単位操作確立」での機器メー

カー，本プラント建設でのエンジニアリング会社，「市場開発時」での
加工企業，最終製品利用の流通市場，安全・環境の法規制官庁等と多
くの分野と接触する。その過程で社会の構成や各機関の果たす役割が
理解でき，「社会への広い視野」が得られた。この広い視野は次のプロ
セス開発でのテーマ選定や技術開発に大いに役立った。

（6）「技術の役割」の把握

プロセス開発は「個別技術」を原理的に解明し，それらを組み合わ
せて「プロセス」を構成し，社会に役立つことを目的として技術完成
を行っている。学生時代に学んだ『技術とは自然法則の意識的適応』
との技術論を実践して成果を得てきた。この技術論は，幾つものプロ
セス開発を実施した際に，迷いなく業務を効率的に進めることを可能
にした。

9.1　プロセス開発を行う目的

プロセス開発はやり甲斐のある作業であるが，開発過程で“技術的
な壁”に何回も遭遇する。困難な壁を乗り越えるには，“未知への挑
戦”をする強い意欲が必要である。そのためには，取り組んでいる「技
術開発の目的」を明確に持つことが好ましい。

『技術開発の目的は社会貢献』とするなら，開発した技術が社会にど
の様に役立つかを知ることは重要である。プロセス開発は単なる化学
工学的なスケールアップだけなく，開発した設備から供給される製品
が社会ニーズに如何に貢献しているかを常に検討し，技術開発の方向
を決めていく。

化学プロセスを開発した成果として化学品が社会に供給される。過
去において化学品が社会にどの様な役割を果たしてきたのかを振り返
り，化学品の利用経過を理解してこれから「自分が開発するプロセス」
も，この“歴史を引き継ぐ”のだと受け止めてやりがいを持つと良い。

◉9.1.1 化学品は社会発展に貢献

人類は多くの種類の化学物質を利用して生活を豊かにしてきた。例えば，土器から石器，更に金属器（青銅，鉄等），植物由来品（木材，麻・綿等），動物由来品（毛皮，養殖蚕の絹等），鉱物加工品（装飾品，食器等）などの"自然由来"の多くの材料を工夫し利用している。近年では人間が自ら発明・発見した化学品などの"人工由来"の材料が加わり，人々の生活を急速に変化させ豊かにしてきている。

"人工由来"の化学品活用の発展過程を振り返ってみると，「火薬」は古くから戦闘用に使用され，更に土木工事用のダイナマイトへと発展し，近代都市の建物や鉄道の建設に寄与した。

「化学肥料」は石灰窒素や尿素等から始まり，農産物の大幅増産を可能にして人口の急増に対応した。また，多種多様な肥料への展開が，「植物工場」による農産物の生産も可能にしてきている。

「化学繊維」は絹代替を目指すナイロンの発見から始まり，ビニロンなどの多様な化学合成繊維が，豊かな衣類生活を可能にしている。更に人工繊維を変性させた炭素繊維は車から飛行機などの軽量・高強度材として不可欠な材料となっている。

「化学染料」は植物由来のインジゴを人工的に合成することから始まり，現在では日常生活のほとんどの染料が化学合成品となり，色彩豊かな現代生活を実現させた。また，ベークライト等から始まる「合成樹脂」は建材，包装材，配管材料，家電製品，情報機器，自動車，食器，文具など毎日の生活のあらゆる面で活用されてきている。

「製薬」においては，自然由来の漢方薬はあるが，化学合成品の薬が現在では大勢を占めて，人々の健康確保に寄与している。更に，半導体，LED，Liイオン材などの最先端の「機能材料」は，情報社会における人類の生活様式を大きく変革してきている。

自然にはない反応条件を試験にて試みて，様々な人工物を作り出した化学技術は社会の発展と軌を一にして成長している。本書では現在

の生活において多種多用に活用され，人々の生活の快適さを担っている化学品がどの様に開発し，生産に至るかの筋道を解説する。プロセス開発に関わる人々には，是非理解して頂きたい。

◉9.1.2　プロセス開発の重要性

社会生活に寄与する化学品を供給している化学産業は，全産業に占める比率も大きい。特に石油化学が急速に発展し，廉価な化学製品が普及し始めた1950年代以降は化学産業の重要性が増してきた。日本では1960年代初頭の「科学技術白書」において，技術貿易収支が大幅な赤字であり，その主な要因はエチレンクラッカーを始めとする石油化学における多様な生産技術の導入にあるとの指摘がなされた。

当時の日本は先進国と比較すると化学製品の生産技術に大きな遅れがあり，「化学産業の強化」が緊急の課題であるとの認識が産学官にて共有された。その結果，化学品の生産技術開発に関与する「応用化学科」や「化学工学科」が多くの大学にて創設された。化学産業界の各社においても「研究所の設置」が盛んに行われ，基礎・応用の研究を踏まえた「プロセス開発」を自社の重要技術課題として取り組み始めた。

その結果，日本の化学技術は急速に進歩して特徴のある数多くの化学品を開発し，家電・半導体産業を含む多くの産業の発展に寄与してきた。化学品生産の基礎となる化学プロセス技術の開発・改善は，規模の大きい石油化学から小規模な製薬工業においても重視されている。

9.2　化学技術とは何か

プロセス開発は化学技術の応用展開と考えられる。技術開発を行うに当たり，「技術の本質」を知っていると，課題の進め方を決めるときに"有用な示唆"が得られる。

◉9.2.1 「技術の定義」を知ろう

技術開発に関与する人は"技術とは何か"を考えると良い。化学プロセスの開発過程を説明するに当たり，まず「社会と技術の関わり」を見てみる。科学技術が発展し日本社会が大きく変化していた1960年代に，技術と社会の関係を論ずる「技術論」が若い技術者の間で熱心に議論された。その結果，『技術とは自然法則の意識的適応』との定義に行き着いた。「自然法則を解明して，目的のために活用していく」のが技術開発であるとした。要約すれば技術開発は自然法則の解明より始めて，その成果は社会への貢献を目指すものある。一方，技能について『技能は自然法則を経験的に活用』していると定めた。

◉9.2.2 技術開発は"社会・企業・個人"に貢献

技術開発において企業としては利益の確保が必須であるが，『利益は社会に貢献して初めて得られる』ものである。開発する技術の目的を「社会への貢献」とすることは，結果として"社会・企業・個人"に幅広く利益をもたらす。技術開発には社会の財産である"多額の費用"と"多くの人材"の投入を必要とする。技術開発した成果は社会に提供され，社会的貢献を果たすが，開発段階はまだ社会の富を利用する投資段階と考えられる。

<技術開発に参画する人々の目的>

①自分のため　：　探究心の発露，成果の見返り期待，自己実現
②家族のため　：　努力姿勢の伝達，成果の恩恵
③仲間のため　：　共同作業の楽しさ，目標達成の喜びと，成果の見返り
④会社のため　：　担当職務の達成，会社への利益貢献
⑤社会のため　：　人々の生活改善，社会進歩への貢献

まず，目標を「個人」及び,「家族」のためをまず目標とするのは必

然ではあるが，「仲間」のためになるには，技術開発の結果が社会に有用であることが前提となる。

　⇒技術開発が真に「会社」のためになるには，技術成果が社会に役立つことが必要。

　⇒「社会」に役立てば，社会が企業に“ご褒美”として利益を還元する。「企業の利益は社会貢献の見返り」である。

　社会に役立たない技術は企業に何等の恩恵も還元しないし，『社会貢献しない企業は存続できない』のは事実であろう。企業の技術開発の目的を社会貢献とすることは，結果として企業への貢献となる。社会より企業に還元された利益は，更に従業員にも還元される。

『業務の目的意識と成果』

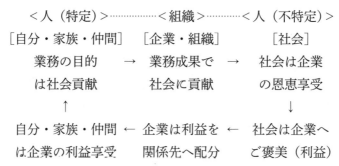

　　　　　＜人（特定）＞‥‥‥‥‥‥＜組織＞‥‥‥‥‥＜人（不特定）＞
　　［自分・家族・仲間］　［企業・組織］　　　［社会］
　　　業務の目的　　　→　業務成果で　→　社会は企業
　　　は社会貢献　　　　　社会に貢献　　　　の恩恵享受
　　　　　　↑　　　　　　　　　　　　　　　　　↓
　　　自分・家族・仲間　←　企業は利益を　←　社会は企業へ
　　　は企業の利益享受　　　関係先へ配分　　　ご褒美（利益）

　個人が「会社業務を通して社会貢献」することを目的にして成果を出すと，それは企業の社会への貢献となり，社会は見返りとして企業にご褒美（利益）をもたらす。企業は従業員へ報酬として利益を還元し，従業員は“生活の糧と“自己実現”の喜びを得て，更なる業務へと邁進する。よって，プロセス開発においても目的を社会貢献にすることが，結果として企業の利益・繁栄に繋がる。

　『人々の役に立って，初めて技術』との言葉がある。プロセス開発を含め，技術開発の目的を社会貢献に置き成果を出せば，会社・仲間・家族・自分に利益が還ってくる。

　企業の利益のみに焦点を当てると，"社会利益に反する技術・行動"を生じることがある。例えば，"データ書き換え"，"不正検査"，"粉飾決算"などは社会貢献に無縁である。社会利益に反する行動により短期的に企業が利益を得ても，長期的には企業に大きなダメージを与えている事例が，多々報道されている。

　最近，産業界（経団連会長）より『人材の意欲を引き出すためには，"自らの仕事が社会に貢献"していることを実感させ給与で報いる』との必要性が提起された。技術開発の成果が「社会貢献」すると共に開発者担当者の「自己実現」にもなる。

　また企業経営者より，「利益至上主義の修正」が提起され，企業活動の軸を「もうけの軸，テクノロジーの軸，社会性の軸」の三軸にすることが提唱されてきている。この様に『社会貢献しない企業は存続しない』との認識が，徐々に広がってきている。

---------------- ＜コラム＞『技術開発で社会に貢献をしよう！』 ----------------

　社会には無数の仕事があり，皆で役割分担して対応している。各人がどの業務を担当するかは本人の希望が影響していると思われる。

　筆者の経験例を述べる。大学2年のときに読んだ科学技術白書に『日本の技術貿易収支は大幅な赤字』とあり，要因は『石油化学の勃興による技術導入にある』との記述に出会った。技術導入の主体が化学プロセスであることを知り，日本社会に少しでも役立ちたいと，化学工学を専攻した。東大闘争の影響で博士課程を中退し，プロセス開発を希望して電気化学工業（現，デンカ）に入社。先輩や仲間に恵まれて多くのプロセス開発と本プラント建設をしてきた。

　開発したプロセスにて生産される製品は国内外に出荷され，また開発したプロセスによる本プラントが海外を含め数多く建設され稼動しているが，「プロセス事故」はゼロと聞いている。開発した技術はプラントの「生産性向上」と「安全性向上」に寄与すると共に，生産された機能性製品は日常生活に広く使用されている。

　プロセス開発の目的を「収益確保」に置くとしても，収益は「社会貢献」して得られるものであることを理解して，『技術開発で社会貢献！』を目指してください。

第 **10** 章

「AI 時代」のプロセス開発
-これからのプロセス開発-

10.1 技術の動向

10.2 産業での AI の活用状況（例）

10.3 AI 活用時の操業範囲

10.4 化学プラントの AI 化方法（2段階法）

10.5 AI 化プラントでの制御システム

10.6 化学プラント AI 化への準備

10.7 AI 化プラントの開発体制

10.8 プラント AI 化の「期待効果」

　IoT や AI の活用による「**第四次産業革命**」は製造業にも波及し始めている。化学産業においても人工知能（AI）を活用する各種の取り組みが活発化してきた。"IoT&AI 活用"を前提に，"今後のプロセス開発"がどの様に変化するかを検討してみる。

10.1　技術の動向

　「第四次産業革命」が化学産業にどの程度の変化をもたらすかは，現状では不明であるが，過去の産業革命が引き起こした変化を考察し，その産業革命の推進力となった"基幹技術"と"社会変化"への影響を整理した。

　　・第一次産業革命　：　蒸気機関の発明（18 世紀）
　　　　　　　　　　　　⇒蒸気タービン，蒸気汽船，蒸気機関車などが誕生
　　・第二次産業革命　：　電気の活用（19 世紀後半〜 20 世紀前半）
　　　　　　　　　　　　⇒電動モーター，電灯，ラジオ・テレビ，通信機，自動車等登場
　　・第三次産業革命　：　コンピューターの活用（20 世紀後半）
　　　　　　　　　　　　⇒自動制御，データ移送，パソコン，携帯電話等の登場
　　・第四次産業革命　：　人工知能の活用（21 世紀前半〜）
　　　　　　　　　　　　⇒自動運転車，作業の代替，データ集積と最適判断，自立ロボット，量子技術

　現在，第四次産業革命は初期段階であるが，化学プラントのプロセス開発にも大きな影響を与えることは間違いない。

10.2　産業での AI の活用状況（例）

　化学産業を含めた産業界において AI 活用が進展しているが，その

215

代表例を整理し今後のプロセス開発の方向性を考えるときの参考にする。

(1)「強い AI，弱い AI」

「強い AI」は鉄腕アトムのイメージで，自ら全てを判断し活動するが，実用化のメドはない。「弱い AI」は人間が“データを与え学習”させて行動させるもので，当面，実用化が進むのは「弱い AI」。

(2)「AI で品質管理」

電気製品メーカー等では，製造工程の故障・不良品の蓄積したデータを活用して，製造工程の異常を AI で“予知”し異常の発生を防止する。熟練者の経験や勘を AI で代替し計画外の停止や品質低下を防止する。

(3)「車の自動運転化」

自動車の自動運転化の技術開発が進展している。但し，IoT や AI を活用するが，運転の状況は「人が状況把握し管理」する。運転の完全自動化（レベル 4）は実施するが，「無人化（レベル 5）」は当面，想定しない（トヨタ自動車）。

(4)「自動運転電車」のトラブル

横浜市の自動運転電車にて“逆走トラブル”が発生。原因は電気系統の細線が一本切断していた。

(5)「技術継承」に AI 活用

ある造船企業では，ゴミ焼却プラントに AI を活用して発電量を最大化している。また，運転員の“経験情報を AI”に集約して，技術の継承に活用し“安全・安定”の最適操業を試みている。

(6)「溶鉱炉の最適操業」

製鉄業では溶鉱炉で生ずる入口側の“原料・燃料の変動”に対し，操業条件を自動的に調整して常に最適条件での操業を可能にするために，AI の利用を始めた。

(7)「AI で新素材開発」（マテリアルズ・インフォマティクス）

多くの実験データを AI で分析・集約して，新素材の開発期間短縮

や革新的な新素材発見を目的として，大手化学企業が共同で検討。

（8）AI 活用による「生産性と安全性の向上」を推奨（経済産業省）

（9）「作業員の安全性向上」

作業員にスマートデバイス（情報機器）を携帯させて，健康状況・作業状況を AI で常に把握すると共に，現場の危険個所では“注意警報”を伝え「作業員の安全性向上」を図っている。

（10）「ゴミ焼却発電プラント」（造船会社）

蒸気発生量などの情報より数分後の炉内温度を AI で予測し，投入するゴミを選定して，焼却炉内の温度を発電に最適な状態に維持する技術を開発中。ゴミの埋め立て処理からエネルギー有効活用へ。

10.3　AI 活用時の操業範囲

現在，既存プラントの操業データを集積し，「操業条件」と「操業結果」の相関関係を情報化して AI に注入（ディープラーニング）して，「品質の安定」や「異常操作の回避」に活用する試みが始まっている。

今後，プラントの最適操業に AI を活用する場合，「AI に任せる操業範囲」を設定することは重要である。AI に学習させていない「想定外事象」も起こりえるので，“何でも AI 任せ”にするのは大変危険である。また，AI が故障することもあり得る。

新規にプロセス開発を行うときには，開発する本プラントの AI 化を，どの“操業範囲”まで進めるかを決めてから，技術開発の計画を作成する。

（1）「実績範囲」での最適操業

プラントの操業範囲を“実績のある範囲内”での操業とし，操業ごとの目的に適する“過去の最適操業”を再現させる。この場合，操業は「実績に基づく安全・安定操業」が達成され，操業成績も安定した満足な結果が得られる。

（2）「理論予測を一部活用」の最適操業

「操業実績」を主体とするも，「理論予測」も一部併用して「実績を超える最適操業」を探索させる。この場合にはプロセス設計に用いた「理論予測」の情報も加え，実績のない最適操業条件の選定も可能にする。但し，AI に操業を全面的に任せると，危険な操業条件を選定する可能性があるので，「操業禁止範囲」（爆発範囲，暴走反応，法規制等）を設定することが不可欠である。

（3）「プロセス理解の AI 操業」（未経験範囲を含む最適操業）

プロセス設計段階にて活用した"知識・情報"を AI に学習させ，AI 自身が危険な操業条件を認識して，安全・安定な操業を実施する。プロセス開発時に気付かなかった最適操業条件の"発見"も可能となる。

但し，AI 主導による操業条件の設定は，人の監視が必要である。異常や緊急事態（機器故障，用役異常，火災・地震・津波・洪水等）が生じたとき，"AI 任せの無人化"は，危険性が多い化学プラントでは採用できない。

- ・「実績範囲」での操業条件の設定による生産性・安全性の改善は，"単位操作"の段階ではあるが，既に AI での実用化が急速に進展している。
- ・「理論予測の一部活用」は「操業禁止範囲」の明確化等の検討が遅れており未実施であるが，プロセス開発の各試験にて得られた情報の整理をすれば，実用化の可能性は高い。
- ・「プロセス理解の AI 操業」は学習させるべき"知識・情報"は未整理であり，また，AI 操作を"監視"する方法も未検討の状況にあり，実現には時間が掛かる。

10.4　化学プラントの AI 化方法（2段階法）

本プラントは"多くの単位操作"を内包するため，プラント全体の

操業データは膨大であり，全体を一気に AI 化するのは大変である。その為，プラント全体の AI 化は，第 1 ステップとして「各単位操作の AI 化」を行い，第 2 ステップとして AI 化された各位操作を接続して，「生産プロセス全体の AI 化」を完成させる方法が現実的である。

（1）**第 1 ステップ**　：　プラントを「単位操作別に区分し AI 化」
　　・プロセスを区分　：　□ ＋ □ ＋・・・＋ □ ＋ □
　　・単位操作を AI 化　：　AI 化　AI 化　　　　AI 化　AI 化
①プラント全体を複数の単位操作に区分
②各単位操作を順次 AI 化（反応，蒸留，精製，混合，回収等を個別に）
③ AI 化された各単位操作を個別に実証（"部分最適化"）

（2）**第 2 ステップ**　：　AI 化した単位操作を結合し「プロセス全体の AI 化」
　　・AI 化の単位操作を結合　：　□ ～ □ ～・・・□ ～ □
　　　　　　　　　　　　　　　　　AI 化　AI 化　　　AI 化　AI 化
① AI 化した単位操作を結合
②結合により発生する課題に対応（原料のフィードバック等）
③プラント全体の AI 化を試行し実証（"全体最適化"）

現状では，一つの単位操作の AI 化のみでも大きな成果が得られている。火力発電所において燃焼炉の AI による最適化により，エネルギー効率の向上と安定した発電出力を検討中との報告がある。また無機製造工場の反応が安定しない反応炉で，温度変動の因果関係を整理し，AI を活用する"操業条件の自動設定"により，安定した品質と生産増が達成されている。

　プロセス全体の AI 化には，多くの時間と労力が必要であり，周囲からの理解が得にくいケースがある。とりあえず一つ単位操作を AI 化して，「AI 化の方法」に習熟することから始め，得られた成果（生産性，原単位向上等）により周囲からの理解が得ているケースが多くみ

られる。

10.5　AI 化プラントでの制御システム

　AIの活用によりプラントの制御システムは，現行の「事後制御（Feed Back Control）」方式から，将来は「予測制御（Feed Forward Control）」方式へ進化することも可能と思われる。

◉10.5.1　AI 新制御システムの活用

　これからのプロセス開発では，新たな制御システムも活用して技術開発を行う。

（1）「事後制御システム」（Feed Back Control）

　現在の制御システムでは，“異常発生”の検知後に，入力側に“適正条件”を設定して，原因の操作条件を“修正”する。

　　⇒“異常発生情報”に対応して“異常原因の探索と修復”を行う。

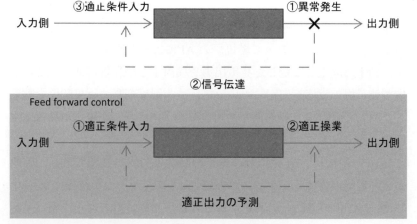

図10-1　化学プラントの制御システム

（2）「予測制御システム」（Feed Forward Control）

AIを活用して，「操作条件」と「操業結果」の相関を整理・把握し，良好な操業結果が得られる「適正な操業条件」を事前に設定する。

　⇒"蓄積データの学習"により，"異常発生を予防"するプラントの最適操業を行う。

図10－1に二つの制御システムの概念図を示した。

◉ 10.5.2　AI化プラントでの操業条件

AI化プラントではFeed Back Controlだけでなく，Feed Forward Controlも可能となるので，AIを活用すれば"期待する結果"を得るための"入口の操業条件"の選定が行える。

（1）「入口条件」から「出口結果」を予測

入口条件（含，原料変動）を設定し，操業条件を選定すれば，出口結果が予測できる。

　入口条件　→□→□→・・・→□→　**出口結果**

（手順：「入口条件」→「操業条件」→「出口結果」）

好ましくない出口結果が予測される場合は，操作条件を自動的に修正させることが可能である。

（2）「希望出口結果」を得る「入口条件」の選定

期待する「出口結果」を設定すれば，それを達成する「入口条件」の選定ができる。

　入口条件　←□←・・・←□←□←　**出口期待値**

（手順：「希望出口結果」→「操業条件（逆算）」→「入口条件」）

"希望する出口結果"を設定（生産量，品質，収率，環境負荷等）すると，希望の結果を達成する「入口条件と操業条件」が自動的に選定される。

AIを活用して「操業条件」と「操業結果」の相関を整理すると，良好な操業結果を与える「適正な操業条件」を事前に選定することが可

能となる。

また，AIの深層学習機能（deep learning）を用いると，"蓄積データ"より"異常発生"を回避する予測制御システムの確立もできる。良好な操業結果を与える操業条件を自動的に設定し，プラントは"常に"良好な安全・安定操業を達成する。

◉ 10.5.3　新プラントでのデータ蓄積方法

「新規プラント」のため蓄積データが少ない場合は，「プロセス設計時」に設定した操業条件に基づいて操業を行い，データを蓄積する。但し，プロセス設計では数％の誤差（＊）は許容しているので，次の手順で結果の予測精度を高めていく。

①初期の操業では「理論予測値」と「実データ」を比較し"理論予測の修正"をする。

②その後，「修正理論予測値」と「実データ」とを"併用して操業"を行う。

③実データが十分溜まったら，"蓄積データ"として操業に活用する。

（＊）　プロセス設計では幾つかの「主要な現象」を選定して，モデル計算を行う。「ささいな現象」は計算モデルには反映せずに"無視"するので，ある程度の誤差は生ずる。

10.6　化学プラント AI 化への準備

化学プラントの AI 化はどの様な構成で機能するのかのイメージを明確にするために，AI 化の全体像を次に示した。

図10-2　化学プラントAI化

● 10.6.1　深層学習への情報準備

製造業で AI 化を推進するには，次の課題を準備し，AI に"深層学習"（Deep Learning）をさせる必要がある。

(1)「操業データ」と「技術ノウハウ」を整理（学習させる情報・技術）
(2)「操業範囲」の設定（安全・品質の確保）
(3)「異常時の自動対応」（原料，機器，用役等の異常）
(4)「操業禁止範囲」の設定（爆発範囲，異常反応，品質不良，低収率）

この情報整理を行うには，AI 知識に加え，プロセス担当者，設備・計装担当者，安全情報等の知識が必要であり，"専門技術者"によるグループ対応が望まれる。

● 10.6.2　異常時の対応検討

操業中に発生する「異常・緊急事態」への対応は，「作業員の関与」が必要となるケースも含め事前に検討する。

①「軽微な異常」は AI に学習・注入しておき，AI に担当させる。但し，警報は発する。
②「大きな異常」は警報を発し，かつ，作業員も関与させた対応とする。
③「状況の把握が不能状態」では，"警報"を伴い"緊急停止"を行う。停止作業は"AI と作業員"が共に学習しておき，共同作業とする。
④「AI のシステム異常」の対策も設定しておく。（設備点検，作業員

の AI 学習）

◉ 10.6.3　プロセス開発時の知見整理

　プロセス開発時に得た「蓄積データ」と「技術・ノウハウ」は，化学プラントの AI 化に活用される。開発段階で解明された現象や情報は，AI の深層学習に注入するので，注入し易いように整理する。

　整理しておくべき「情報」を，プロセス開発の段階別（小試験，ベンチ試験，パイロットプラント試験，本プラント情報）に記載してみる。

表10－1　AIに注入するプロセス情報（例）

試　験	課　題	AI用の情報（例）
小　試　験	「反応解析」 「物性データ集積」	①原料・溶剤・触媒の毒性・爆発許容濃度 ②反応条件と反応速度・収率 ③操作許容範囲の設定（品質，安全，法規）
ベンチ試験	「物性解析」 「市場ニーズ調査」	①生成品物性と反応・操作因子の関係 ②製品・副生物の分離・生成の条件 ③市場ニーズ対応の品質範囲と操業条件
パイロット試験	「市場開発」 「技術確立」	①各単位操作での操作条件と出口結果 ②各単位操作での許容創業範囲 ③上流変動と下流変動の相関データ
本プラント	「安全・安定生産」	①原料系変動への操業対応 ②品質設定に対応する操業条件 ③緊急時・異常時の対応（警報，自動遮断）

10.7　AI 化プラントの開発体制

　技術の複雑な構成と危険性を持つ化学プラントをAI化するには，多くの情報とそれに対応する人材が必要である。また，AI 化は「新たな技術開発」であり，AI 化による操業状況の良否を“実験により実証”する必要がある。

◉10.7.1　AI 化人材の確保

　化学プラントは"目に見えない"化学反応を伴い，工程も多岐にわたるので多くの知識・経験が重要である。AI 化の技術開発には自社の人材・知識だけでなく，外部の技術者（IT 関連）を有効に活用すると開発効率が良くなる。必要な技術要素は，①プロセスの知識・技術，②操業経験，③設備・計装の知識，④安全知識，⑤コンピューター知識（ハード，ソフト）等である。また，AI 化は"自ら開発"することが基本となるため，技術継承者の確保も考慮しておく。

◉10.7.2　AI 化技術の実証（単位操作，プロセス全体）

　化学プラントの技術確立では，開発技術の"実証"が必要である。AI 化技術の開発は"データ"と"コンピューター"だけでなく，技術を実証する"実験設備"を準備する。車の自動運転は何度も"路上実験"をしながら，技術開発のステップアップを図っている。

　化学プラントの AI 化を全面的に行うには，部分的な実証（単位操作 AI 化）を積み重ね，全体を繋いだプロセス全体の実証へとステップアップしていく。車もそうだが，実証なしの技術確立は困難である。実証試験のない，"頭の中に AI 化"や"机上だけの AI 化"は非常に危険である。

　化学プラントの AI 化では実証する設備が必要。単純なプロセスなら本プラントでの直接実証も可能だが，一般的には実験設備があると良い。例えば"ベンチ試験設備"や"パイロットプラント"があれば実証実験が安全に実施できる。

10.8　プラント AI 化の「期待効果」

　プロセスの開発時よりプラントの AI 化を前提に技術確立を図りプラントの操業を行うと，次に示す多くの効果が期待できる。

(1) **生産性向上** ： 操業条件は自動的な適正化が図られるので，異常の発生確率が低下してプラントの稼働時間が増加し生産量が拡大する。また，事故の減少により小人数での操業が可能となり作業要員も減少するので，生産性（生産量 / 人）は大きく向上する。

(2) **安全性向上** ： "危険操業範囲"での操業を事前回避するため，プラントの安全・安定操業が維持し易くなる。また機器の異常を早期に検出ができるため，設備トラブルへの対応に"時間的余裕"が得られ，沈着な作業が可能となり人身事故も減少する。

(3) **原単位の向上** ： 常に"最適操業条件"にて操業を行うため高い収率が維持され，「原単位の向上」が達成される。

(4) **品質の向上** ： 目標とする物性が得られる操業条件が維持されるので，安定した品質の生産が継続される。また，希望する製品物性を得るための操業条件が事前設定できるので，目標の物性をもつ製品が"自動的"に生産できる。

(5) **技術の伝承** ： 保有する「技術ノウハウ」を操業情報としてAI に蓄積するため，誰でもいつでも保有技術の学習が可能となり，関係者への技術伝承も可能となる。また，新たに得られた技術知見も"新情報"として AI に保管すれば，技術の継承ができる。

(6) **設備の予防保全** ： 操業の予想値と実データとに差異が発生した場合，"設備故障"の可能性があり，製造要員への"警報"や設備部門への"修繕"の必要を発信できる。

(7) **多品種生産**： 同じ設備で多品種の製品を生産する場合，製品別の入力データ（操業条件）を準備し入力しておけば，同一設備にて順次多品種の生産が可能となる。

(8) **環境への寄与** ： 環境に影響する副生物，排ガス，排液などの低減を目標に操業条件を設定すれば，環境影響物質の排出を低く抑える操業が実行でき，"環境改善"に寄与する。

＜まとめ＞

　AI（人工知能）の活用による社会変化は，産業にも大きな影響を与え始めている。化学プラントのプロセス開発でも"生産性向上"や"安全性向上"を目的として，AI の活用を図ることが求められている。

　新しい技術を先頭に立って活用し，「新時代のプロセス開発」に挑戦しよう！

------------------ <コラム>『AI をどんどん活用しよう！』-----------------

　現在，「AI & IoT」の活用が各方面に浸透している。化学プラントでは，とりあえず「現プラントの単位操作での生産性と安全性の向上」を図ることに実用化が進展している。今後はプロセス開発においても AI の使用は必須であり，「技術の開発段階」と「プラントのプロセス構成・操業」に活用されてくる。不慣れな技術であっても，積極的に『AI をどんどん活用しよう！』。

　最近，四国での講演後の懇親会にて，若い人から『30 〜 40 年前のプラントの操業方法を学んでいるが，このプラントは今後何年使用できるのか』との質問があった。設備償却が終わったプラントを修繕・補修しながら使用しているが，設備が古いだけでなく採用技術も数十年前のものと思われる。単純な「スクラップ＆ビルド」の新規投資ではコストアップになる。

　現在は償却負担が低減し比較的低コストでの生産が可能だが，今後は修繕費の増大と低生産性の負担が掛かってくるものと予想される。対応の方法としては「AI 活用の新プロセス」を開発し，新規プラントにて「生産性と安全性の向上」を図るのが良策と思われる。旧設備を AI の活用で新設備に切り替えたい。そのためにも『AI をどんどん活用しよう！』。

おわりに　−「プロセス開発による社会貢献」を期待して−

学生時代に読んだ科学技術白書（1962）に『日本の技術貿易収支は大幅な赤字』とあった。要因は石油化学プラントの技術導入であることを知り，化学プロセスの開発を担う化学工学を専攻したことは先に述べた。専門課程では化学工学の学問的知識以外に，西村肇先生より技術論『技術は自然法則の意識的適応』，国井大蔵先生より工学論『工学は社会に活用されて価値がある』，難波先生より安全論『化学では安全が重要』を学んだ。これ等の見解はプロセス開発の推進に当たり非常に有益な指針となった。

「プロセス開発による社会貢献」※を期待して，電気化学工業（現　デンカ）に入社。数多くプロセス開発を担当させて頂き，多種類の化学製品を世に供給する一翼を担ってきた。

プロセス開発の成果は「社会貢献」だけでなく，多くの「人との絆」を得る"喜び"も得た。化学工学しか知らない新入技術者が，設計係長より「機械の構造と性能」，計装係長より「制御システムの理論と実態」につき個人的に教育を頂いた。この知識・経験はその後のプロセス開発に非常に有効であり，深く感謝致しております。

プロセス開発のプロジェクトメンバーとの深い絆も忘れられない思い出である。多忙時には休日出勤もして，真剣な議論した人々（設計/渡辺さん，研究/新村さん，渡部さん，他多数）の高い技術力により，"世界トップの技術"を目指しての技術開発が進展した。その過程で，個人的には，"技術面と人間面"の両面での成長を感じていた。

技術開発には"自由な発想と実行"が不可欠であるが，デンカでは担当者の提案が比較的自由に実践された。役員を含む先輩や同僚の

※「プロセス開発による社会貢献を期待して」化学工学　第 83 巻　第 1 号〜第 3 号（2019）

"寛容" に敬意を表します。また，米国・ヒューストンの 6 年間の駐在でアメリカ流の仕事の在り方を学ぶと共に，世界を眺めるとき "日本から世界を見る" のではなく，"世界の中の日本をみる" 広い視点が得られた。世界全体を眺める習慣は，単位操作用の機械の選定にも現れた。日本にかかわらず世界の全メーカーを対象として，最適機器の選定と性能試験を実施した。海外でのメーカー試験も自由に行えたデンカの企業文化にも感謝している。

　本書は化学工学や熱力学にある理論的な解説でなく，『プロセス開発のノウハウ』を主体に記述し，"人間的な要素" に重きを置いた。専門的な技術計算は他の専門書をご参照下さい。最近は大型のプロセス開発が減少し，また AI などの新技術の進展等により，プロセス開発の "技術解析" の進め方は変化するとしても，技術開発の "ノウハウ" は不変と思われるので，ご参考して頂けると大変幸甚です。

　2021 年 6 月

伊藤　東

謝　辞

　今回の執筆に当たり多くの方々よりご支援を頂きました。

　特に「内容の構成」では東京大学名誉教授・田村昌三様と株式会社化学工業日報社取締役・安永俊一様,「文章の点検」はデンカ株式会社環境保安部・下平博様,「文章の校正」は株式会社化学工業日報社出版担当・増井靖様に多大なるご支援を賜り衷心より感謝申し上げます。

　なお「執筆作業」では妻・千津子の手助けを受け感謝致して居ります。

2021 年 6 月

伊藤　東

◎執筆者略歴

伊藤 東（いとう ひがし）

1943 年東京都下町生まれ。

1968 年東京大学工学系大学院修士課程修了（化学化学専攻）

　　　（同上博士課程中退…1969 年・東大闘争の年）。

1969 年電気化学工業株式会社（現，デンカ）入社，

　　　主にプロセス開発担当，米国勤務 6 年，

　　　千葉工場，大牟田工場，青梅工場の工場長を担当。

2018 年同上　副社長・顧問・嘱託を経て退職

学会活動：化学工学会関東支部長，電気化学会会長，安全工学会会長を歴任。

現在職務：特定非営利活動法人　保安力向上センター会長

プロセス開発を楽しもう

－ ビーカーから本プラントへ －

伊 藤 東 著

2021年 6 月22日　初版 1 刷発行
2021年11月 2 日　初版 2 刷発行

発行者　織 田 島　　修

発行所　化学工業日報社

〒103-8485　東京都中央区日本橋浜町 3-16-8

電話　　　03(3633)7935（編集）

　　　　　03(3633)7932（販売）

振替　　　00190-2-93916

支社　大阪　**支局**　名古屋，シンガポール，上海，バンコク

ホームページアドレス　https://www.chemicaldaily.co.jp

印刷・製本・カバーデザイン：昭和情報プロセス㈱